図解 思わずだれかに話したくなる

身近にあふれる「物理」が

3時間でわかる本

編著 左巻健男

読者の皆さんへ

本書は、次のような人たちに向けて書きました。

- 身のまわりにあふれる物理について知りたい！
- 私たちの日常の中にある物理の役立つ知識、面白知識をやさしく知りたい！
- さまざまな場面を物理の目で捉えることで、物理的な考え方やものの見方、いわゆる「物理のセンス」を身につけたい！

　物理（学）は自然科学の王様的な学問で、世界のあらゆることを記述しており、実は身近な現象にもその考えや法則は関係しています。

　私たちは起きてから寝るまでの1日の中でも、いつもいつも物理と一緒です。重力のある世界、摩擦のある世界、さまざまな電気製品の仕組み、歩いたり、物を動かしたりする人体、スポーツ……。いつでもどこでも物理がついて回っています。

　ところが、学校で学ぶ理科（物理・化学・生物・地学）のうち、もっとも嫌われている科目が物理です。その抽象性や次々と出てくる公式や計算問題などで「わかった！」という実感が持ちにくい、生活や人生にほとんど無関係のように見え、学校を卒業すればおさらばしたい科目になっているからでしょうか。

本書は、物理に苦手意識を持っているが、身近な現象を物理的な考え方で捉え、ものの見方を広げたいという知的好奇心を持った人を読者に想定しています。

　できるだけ公式や計算を前面に押し出すことはやめ、必要最小限にしました。

　もう試験のための学習ではなく、身のまわりに起こる現象や日常的に利用している文明の利器の仕組みなどを、知的好奇心のままに理解するという面白さを感じて欲しいのです。

　私たち執筆者は、みな小学校・中学校・高校・大学で物理、物理分野を教えた経験を持っています。そこで、「ここにもこんな物理がある！」ことをやさしく解説することに挑戦しました。

　本書で、皆さんに「物理は結構面白い！」と思ってもらえて、皆さんと物理の出会いのきっかけになったら嬉しいです。

　最後になりますが、本シリーズの拙著同様、理科苦手な最初の読者として、本書の編集作業に力を入れてくれた明日香出版社編集の田中裕也さんに御礼を申し上げます。

執筆者代表　左巻健男

読者の皆さんへ　2

第1章　「視覚と聴覚」にあふれる物理

1　若者にしか聞こえない音がある？　12

2　赤外線と紫外線はどんなはたらきをしているの？　16

3　どうして老眼や近視・遠視になるの？　20

4　蜃気楼はどんなときに見えるの？　24

5　なぜ地球は青いの？　27

6　虹は真下に行くとどうなふうに見えるの？　31

7　雷は＋と－の電気が中和する現象？　34

8　アコースティックギターの穴と空洞は
　　どんな役割を担っているの？　37

9　自分の声は、耳と頭がい骨の両方から聞こえている？　40

10　楽器の音の高さや音色はどうやって決まるの？　43

第2章 「街角と宇宙」にあふれる物理

11　アーチ型の石橋と卵は同じ構造？　48

12　打ち水をするとどのくらい涼しくなるの？　51

13　体脂肪計は体に電流を流して測定している？　54

14　水で焼く調理器の仕組みはどうなっている？　57

15　人はどうして2本足で倒れないの？　60

16　走っている自転車が倒れにくいのはなぜ？　62

17　遊園地のフリーフォールでは重力加速度Gの
　　何倍を体験できる？　66

18　国際宇宙ステーションは無重力ではなく無重量状態？　69

19　はやぶさ2を動かすイオンエンジンって何？　71

20　月面の宇宙飛行士はなぜフワフワ歩くの？　74

第3章 「快適生活」にあふれる物理

21 本当の体温はどこの温度で、どうすれば測れるの？ 78

22 息を吹きかけるときの「ハー」と「フー」で
温度が違うのはなぜ？ 81

23 物の「すわりのよさ・悪さ」って何？ 84

24 ストローでジュースが飲めるのはなぜ？ 87

25 なぜ圧力鍋は調理時間を短縮できるの？ 89

26 300トンの飛行機を持ち上げる揚力って何？ 93

27 光を使ったデータ通信が速いのはなぜ？ 96

第4章 「電気と家電」にあふれる物理

28 冷蔵庫が冷える仕組みはどうなっている？ 100

29 なぜ電子レンジは温めるときに回転させるの？ 103

30 エコな給湯器はどうやってお湯を沸かしているの？ 107

31 電磁調理器（IH）で土鍋が使えるのはなぜ？ 110

32 LED 照明の電気代が安いのはなぜ？ 113

33 人の体から電磁波が出てるって本当？ 117

34 有機 EL ディスプレイって何がすごいの？ 120

第5章 「安全な生活」にあふれる物理

35 吊り橋が落ちるときは何が起きているの？ 124

36 ハイヒールに踏まれるのは
ゾウに踏まれるより危険？ 128

37 車が急に止まれないのはなぜ？ 132

38 生卵も殺人兵器になる？ 136

39 人体に雷が落ちることがあるのはなぜ？ 140

40 バチッと衝撃の静電気はどうやって防いだらいい？ 144

41 1つのコンセントでどのくらいタコ足配線したら
危険なの？ 148

42 スマホの電波に害はないの？ 152

第6章 「人体とスポーツ」にあふれる物理

43 押し合いの力が等しくても勝敗がつくのはなぜ? 158

44 筋肉の力はテコの原理のおかげで発揮される? 162

45 スターターピストルの号砲は
なぜ火薬音ではなくなったの? 166

46 スターティングブロックは何の役に立つの? 169

47 マラソンで人の後ろを走るメリットは
どのくらいある? 173

48 水泳で一番スピードが出ているのはどのタイミング? 176

49 氷の上をスケートが滑る理由はよくわかっていない? 181

50 フィギアスケートの5回転ジャンプは
どのくらい難しいの? 185

51 棒高跳びであんなに高く跳べるのはなぜ? 189

第7章 「球技」にあふれる物理

52 ボールを遠くに投げるには
どの角度で投げたらいい？ 194

53 投げたり蹴ったりするボールを曲げる原理は
どうなっている？ 198

54 ボールにスピンをかける意味って何？ 202

55 野球で「バットの芯に当たる」ってどういうこと？ 205

56 バレーボールのホールディング規則は
選手と審判のだまし合い？ 209

ブックデザイン・アイコン　末吉喜美
図版制作　　　　　　　　　田中まゆみ

図 28 − 1　marrmya（画房マルミヤ）/ PIXTA（ピクスタ）
図 43 − 2　akiyoko/ PIXTA（ピクスタ）
図 46 − 1　iStock.com/technotr
図 51 − 1　iStock.com/Jobalou

第1章
「視覚と聴覚」
にあふれる物理

1 若者にしか聞こえない音がある?

人間が聞くことのできる音の高さは、人によって、また年齢によって少しずつ違いがあります。若い人の中にはスマホの着信音を大人が聞こえない音域に設定している人もいるようです。

◎ 耳が受けとる刺激としての音

たとえば、太鼓をドーンと叩くと、まわりの物も振動しますね。これは、太鼓の振動が空気を振動させ、空気の振動がまわりの物を振動させるからです[*1]。

私たちの耳の中のこ膜も振動し、その振動の信号は神経を通して大脳に伝わり、音として感じています。

太鼓の皮が振動すると、空気を押したり引いたりします。そうすると、空気には濃い部分（密）と薄い部分（疎）ができます。空気の「濃い」「薄い」は空気の密度が大きい・小さいに対応します。空気中を伝わる音は、空気の密度変化で伝わるので**疎密波**とよばれています [図1-1]。

■図 1-1 疎密波

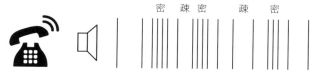

密度の疎なところと密なところとが
次々とできて進行方向に伝わっていく

*1 音は空気中だけではなく、固体や液体の中でも疎密波として伝わる。

■図1-2 振幅と振動数

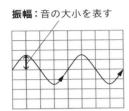

振幅：音の大小を表す

振動数：音の高低を表す

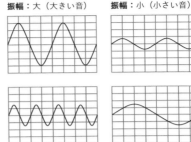

振幅：大（大きい音）　振幅：小（小さい音）

振動数：多い（高い音）　振動数：少ない（低い音）

　音を出している物体が1秒間に振動する数を**振動数（周波数）**といいます。また、振動の幅を**振幅**といいます。振動数は、**Hz（ヘルツ）**[*2]という単位ではかります［**図1-2**］。

　ハチは、1秒間に約200回はばたくのでその音は約200 Hz、カは1秒間に約500回はばたくのでその音は約500 Hzの振動数になります。振動数が多くなれば音は高くなるので、カのほうが「プーン」と高くなります。

　音の大きさは、音を出す物体の振動の振幅が大きいほど、大きくなります。

◎ 私たちが聞くことができる音の範囲

　私たちが聞くことができる一番低い音と高い音は、人によっても、年齢によっても少しずつ違いがありますが、およそ**20 ～ 2万 Hz くらい**です。それより低いか、または高い振動数の音は、いくら振幅が大きくても音としては聞こえません。

---

　*2　振動数のヘルツは、ドイツの物理学者ハインリヒ・ヘルツ（1857 ～ 1894 年）にちなんでつけられた。1888 年にマクスウェルが予言した電磁波の存在を証明したことで知られている。通信技術の発達を見る前に、36 歳の若さで没している。

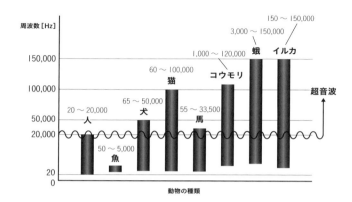

一般には赤ちゃんがもっとも高い約5万 Hz まで聞こえるようです。イヌは4万 Hz、そしてネコは10万 Hz もの高音を聞き分けられます [図1-3]。

◎ 年をとると高い音が聞こえなくなる

人の聴力は、年をとるとともに下がっていき、高い音が聞こえにくくなっていきます。若者にしか聞こえない1万7千 Hz の音を出す「モスキート」というスピーカーは、蚊の羽音のようなキーンとした非常に耳障りなモスキート音で、深夜に店先などにたむろする若者を締め出すために開発されました。

30代以上になると1万7千 Hz 程度の音は聞こえなくなるといわれています。学生・生徒の中にはスマホの待ち受け音をモスキート音に設定して、講義中・授業中でも教師に聞こえないようにし

＊3　モスキート音は、2005 年にイギリス・ウェールズのハワード・ステープルトンによって開発された。この発明により、ステープルトンは 2006 年にイグノーベル賞を受賞している。

ているという者もいるということです*3。

◎ 超音波の利用

とくに 2 万 Hz より高くて、耳に聞こえない音を**超音波**といいます。動物の中にはコウモリやイルカのように超音波を使って生活している動物がいます。コウモリは、ふつう 2 万〜 10 万 Hz、持続時間は数ミリ秒（ミリ秒は秒の1000分の 1 の時間単位）またはそれ以下という短い叫び声を毎秒 10 〜 20 回発し、その反響を聞くことによって、暗黒中でも空中の障害物の位置を知ってそれを避けたり、力のような小さな餌をとらえたりしています。このようにして暗い洞窟や広い海の中で正確に状況を把握することができるのです。

超音波には、いろいろな応用があります。たとえば、水中に超音波を出して、そのはね返りから海底の深さをはかったり、**図1 - 4**の魚群探知機や、超音波洗浄機*4などがあります。

そのほか、超音波は人間の体内検査や固体内部の探傷検査*5にも利用されています。

■図 I-4　魚群探知機

超音波ビーム

魚群の密度が
高いほど
反射が強い

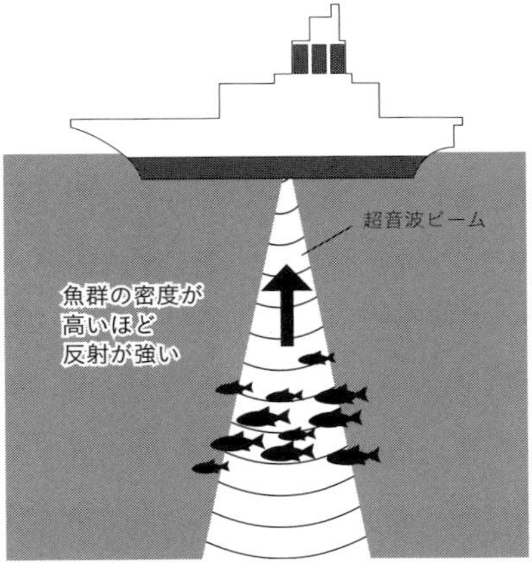

＊4　超音波を伝道する液体に浸し、2 万〜 5 万 Hz 程度の超音波を使って洗浄する器具。眼鏡屋の店頭にあるものが有名。

＊5　非破壊検査ともいう。材料内部の傷や長さ、形状などを非破壊で評価する。

2 赤外線と紫外線はどんなはたらきをしているの？

> 人間に見ることができる可視光線は、光の仲間のごく一部に過ぎません。光の仲間は電磁波とよばれ、可視光線以外に、電波、赤外線、紫外線、X線やガンマー線もその仲間です。

◎ 目に見えない可視光線以外の光の仲間

三角柱のガラスのプリズムで太陽光を分けると、赤から紫までの色の帯が見られます。これは**可視光線**です [**図2-1**]。

物理の波では、波の山と山の間隔を**波長**といいますが、波長が380 ～ 780 nm[*1]の電磁波が可視光線です。その中で波長が短いのが紫色や青色で、長いのが赤色です。

光は、電波や赤外線、紫外線などの電磁波の仲間ですが、電磁波の中で人間の目で見ることができるものを、とくに可視光線といいます。可視光線の赤の外側には、赤より波長が長い**赤外線**があり、紫の外側には紫より波長が短い**紫外線**があります [**図2-2**]。

■図2-1 プリズムと可視光線

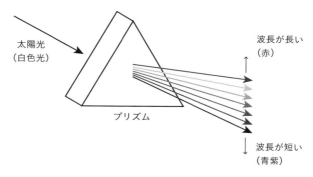

太陽光
（白色光）

プリズム

波長が長い
（赤）

波長が短い
（青紫）

＊1 ナノメートル。1mの10億分の1を表す単位。

■図2-2　電磁波のスペクトル

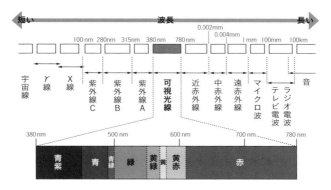

◎ 赤外線のはたらき

　赤外線は別名を熱線といい、物質を暖めたり、人体に当たると皮ふに吸収されて温度を上げる性質があります。赤外線は、波長が短い順に、近赤外線[*2]、中赤外線、遠赤外線[*3]に分けられます。

　赤外線が物体を暖める性質は電気コタツ、赤外線式の保温器具や調理器具に利用されていますが、特別なものだけが赤外線を出すのではありません。実は私たちの身の回りにある**すべての物体は赤外線を出しています**。もちろん人体も赤外線を出しています。

　人の体の各部分を温度ごとに色分けして表示したサーモグラフィの映像は赤外線を利用して計測しています。同様に飛行機や人工衛星などから地表や海面の温度分布の調査をするときにも赤外線が利用されています。

◎ 紫外線のはたらき

　紫外線は別名を化学線といい、物質を変化させる性質を持ち、

＊2　近赤外線は、皮ふ表面から数 mm の深さまで浸透する。

＊3　遠赤外線は「体に深く浸透するので、体の芯から暖かくなる」といわれることがあるが誤り、皮ふ表面から約 0.2 mm の深さでほとんど吸収されて熱に変わってしまう。

人体に当たると日焼けを起こします。

　紫外線は、化学変化を起こしたり殺菌作用があります。日焼けは紫外線を浴びると起こります。

　皮ふが紫外線を浴びると、皮ふは損傷を受けて炎症を起こし、その結果、赤くはれあがります。損傷して死んだ皮ふはしばらくするとはがれます。さらに、皮ふの炎症により、メラノサイトという皮ふの色素細胞が刺激されて、メラニン色素をつくります。メラニン色素の増加が肌を黒くする原因です。このメラニン色素は紫外線をよく吸収するため、紫外線が皮ふにダメージを与えるのを防ぎます[*4]。

　紫外線は生物への影響の違いから　大きくA、B、Cの3タイプに分けられています［図2-3］。波長が短い順だとC、B、Aに

■図2-3　紫外線の種類と強さ

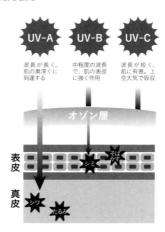

＊4　紫外線には体によい面と悪い面とがある。日焼けを起こしたり皮ふの老化を促進したり、皮ふがんを起こしたりする一方、体内のビタミンDの合成を進める。ビタミンDはカルシウムの吸収を促し骨を丈夫にする。

＊5　紫外線B（280〜315nm）は本来オゾン層を通るうちに吸収されて地上にはほとんど届かない。紫外線C（100〜280nm）は地上40km以上の上空で大気に吸収され、地上にはまったく届かない。

なります。光は波長が短いほど持っているエネルギーが大きいのでＣ、Ｂ、Ａの順は、影響の強い順になります[*5]。

◎ オゾン層ができて生物は陸上へ進出できた

46億年前に地球が誕生した当時の原始大気中には、酸素分子（O_2）がほとんど存在していませんでした。大気中に酸素分子をもたらしたのは、30〜25億年前に海の中に誕生した光合成をするシアノバクテリアでした。その光合成によって大気中に酸素が増えていきました。やがて酸素が成層圏にまで達するようになると、太陽からの紫外線を受けてオゾン（O_3）層がつくられるようになりました。シアノバクテリアが誕生してから30億年かけてオゾン層がつくられたのです。オゾン層は生物に有害な作用をする紫外線のうち有害なものの大部分を吸収しました。

およそ4億年前には、オゾン層により太陽からの紫外線Ｂの大部分がさえぎられていたので、脊椎動物や植物が陸上に進出できたわけです［図2‐4］。

■図 2-4　地上に届く太陽光

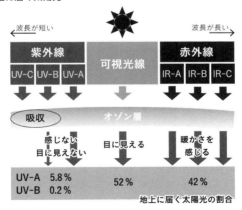

3 どうして老眼や近視・遠視になるの?

眼球で光を屈折させるレンズとしてのはたらきは、3分の2を
角膜が、残りを水晶体が担っています。水晶体には光を屈折さ
せるだけでなく、ピント調節をするはたらきがあります。

◎ 人の眼とカメラのレンズ

外からの光が網膜で焦点を結び、その情報が視神経を通って脳
へ伝わることで、私たちは「見えた」と認識します。眼球の構造
はカメラに似ているとよく説明されます [**図3 - 1**]。鏡で自分の目
を見たとき、黒目のふちから中心に向かって収縮する円形のもの
が**虹彩**で、光量を調節するカメラの絞りにあたります。カメラの
レンズにあたるのが、眼球のもっとも外側にある**角膜**とその下に
ある**水晶体**です。屈折力は角膜のほうが水晶体の約2倍あります。
像が映るフィルムにあたる部分は眼球の奥にある**網膜**です。

■図 3-I　人とカメラの違い

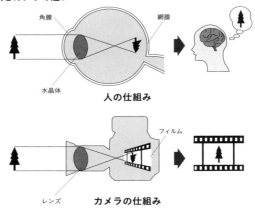

角膜　　網膜

水晶体

人の仕組み

フィルム

レンズ　　**カメラの仕組み**

◎ 水晶体のピント調節

　水晶体は、角膜と網膜の間にある厚さ４mm、直径８mm程度のカプセル状の器官です。**図3−2**のように、水晶体は、端についた毛様体筋とよばれる筋肉のはたらきによって引っぱられたりゆるめられたりして厚さを変えられます。遠方を見るときは薄くなり、近くにピントを合わせるときには厚くなります。つまり、カメラのレンズと違う方法で、ピント調節をして、網膜上にうまく像を結んでいます。

■図3-2　毛様体筋によるピント調節

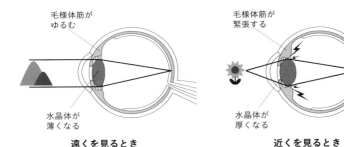

毛様体筋が
ゆるむ

水晶体が
薄くなる

遠くを見るとき

毛様体筋が
緊張する

水晶体が
厚くなる

近くを見るとき

　ところで、私達は水中に潜るとモノをうまく見ることができませんね。角膜と水の屈折率はほぼ同じなので、水中では角膜が光を曲げる力はほとんどありません。そのため、水中では水晶体の屈折だけになり、ヒトの目ではモノがよく見えないのです。

　一方で、水中で生活する魚は水中に適応した水晶体を持っています。目のつくりはヒトとよく似ていますが、水晶体はボールのような球形です。それにより、光を曲げる力がヒトよりもずっと大きくなり、水中でも網膜にしっかり像を結ぶことができるので

す。また魚の水晶体はずっと球形のままで、ヒトのように厚くなったり薄くなったりはしません。遠くや近くを見るためのピント調節は、水晶体の位置自体を前後にズラすことでおこなっています。

◎ 水晶体の老化現象「老眼」

　水晶体はカプセル状の器官なので細胞やタンパク質は外に出ることができません。しかし、水晶体の細胞は分裂をくり返して増え続け、古くなると中心部に押し込められていきます。すると水晶体の柔軟性が失われていき、ピント調節がしにくくなります。これが老眼の主な原因です。つまり、**老眼は加齢によって水晶体のピント調節がしにくくなる一種の老化現象なので、遅かれ早かれ誰でもなる可能性があります**。

　だからよく「近視の人は老眼になりにくい」とか「視力のいい人は老眼になりやすい」といわれたりしますが、これらはまったくの誤解だといえますね。

◎ 白内障が治ると空の青さに感動する

　年齢とともに水晶体は黄色みを帯びてきますが、さらに病的に混濁（こんだく）したものを**白内障**といいます。最近では、進行の早い若年性白内障が増えています。白内障の治療には、濁った水晶体を超音波で砕いて取り除き、人工の眼内レンズと交換する手術があります。

　水晶体が黄色みを帯びて濁るということは、補色である青色が網膜に届きにくくなるという意味です。だからレンズ交換手術で白内障を治療した人は、空の青色に感動するそうです。もし最近、

空の青さが見えにくくなってきたなと感じることがあれば、大気汚染ではなく、もしかしてあなたの水晶体に原因があるかもしれません。

◎ 近視と遠視の矯正

近視とは、眼球の奥行（眼軸）が伸びたり、水晶体が屈折異常を起こしたりして、網膜の手前で焦点を結んでしまう状態です。近くは見えますが、遠くはピントが合わずぼやけて見えます。そのため遠くを見るには水晶体の厚さを調節する努力が必要になります。結果的には毛様体筋が酷使されて眼精疲労がたまる上に、近視がさらに進行してしまいます。

そこで、近視は凹レンズの眼鏡で矯正します。凹レンズによって光線が外に広がるように屈折して焦点距離が長くなり、網膜上でうまくピントが合うようになります。

一方、**遠視**は眼軸の短さが主な原因で、光線が網膜より奥で焦点を結んでしまう状態です。近くも遠くもピントが合いにくいので、どこを見るときも毛様体筋が酷使されています。遠視の矯正には凸レンズを使用します。凸レンズは光が内側に集まるように屈折させるので、焦点距離を短くすることができます［**図3-3**］。

■図3-3 近視と遠視の光の屈折

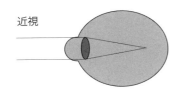

近視

眼軸の長さが長く、
網膜にピントが合わない

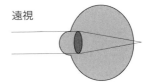

遠視

眼軸の長さが短く、
網膜にピントが合わない

4 蜃気楼はどんなときに見えるの？

> 夏の風物詩の1つに逃げ水や蜃気楼があります。実際にはそこにないモノが見える不思議な現象ですが、どんな仕組みで起きているのでしょうか。

◎ たどりつけない水場

　夏の強い日差しの中でアスファルトの道を車で進んでいると、前方に「キラキラ光る水」が見えることがあります。ところが近づくと消えてしまいます。これは**逃げ水**とよばれる身近な自然現象で、ここで揺らめいて光っているのは青空です。空から注ぐ光が地面近くで曲げられて地面の方向からやってくるため、私たちは「水」と錯覚してしまう現象です。

　私たちは、光を感じることで「ものを見る」ことができます。多くの場合、光はまっすぐにやってくるので、目に最後にやってきた光の延長線上にもとのモノがあると考えて頭の中に像を描いています。ところが途中で光が曲がってしまうことがあります。こうなると私たちは混乱するわけです。

　こうした熱気や冷気による光の異常な屈折で、空中や地平線近くに遠方の風物などが見える現象を**蜃気楼**といいます。

◎ 下位蜃気楼

　逃げ水のように実際のものの下に像が現れる場合を**下位蜃気楼**といいます。海や湖の暖かな水面の上に、冷たい空気が入ってくると起きることが多い現象です [図4-1]。

■図4-1 下位蜃気楼

鏡のように映る

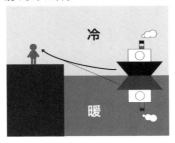

冷

低密度層

暖

高密度層

　密度の小さい空気層の上に密度の大きい空気層が重なっています。光は高密度層から低密度層の方に曲げられ、下に凹のカーブを描きます。そのため、斜め上から入射した光はやや上方へ出射していきます。左にいる人間の目に見える像は、奥のほうにある対象物の下側に現われます*1。

　これは日の出や日の入り時の太陽像の異常としても観察され、本来の太陽の下に蜃気楼の像がつながって見える「ダルマ太陽」や「オメガ型太陽」ともよばれています。

◎ 上位蜃気楼

　続いて海や湖の水が冷えて、その上に乗っている空気層の密度が大きい場合を考えてみましょう。ここへ上から暖かい空気が入ってきた状況です［図4-2］。

　下から斜め上に上がった光は大きな密度の層から小さな密度の層に入る際に屈折して下側に向かい、上に凸のカーブを描いて目に届きます。その光を左にいる人が見ると、像は上のほうに浮か

　＊1　光が下から来たように錯覚するため、実物の下にも像や空が見える。

■図 4-2　上位蜃気楼

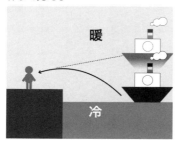

伸びて見える

暖

冷

高密度層

低密度層

び上がって見えます[2]。

　さらに上のほうに像の反転が起こる場合もあります。この場合は人間が「何を見ているか」の判断の参考になる実像のほうが小さくて見えにくいことも多いため、とても奇妙な感覚になります。2つの層の境目は高さ10 m あたりの場合が多いです[3]。

◎ 水平方向蜃気楼

　ここまで紹介した下位型も上位型も、地面に対して平行に積み重なった空気層が引き起こす屈折現象でした。

　一方で、地面に対して垂直に並んだ密度の異なる空気列がもたらす蜃気楼もあります。有名なものに九州有明海の不知火があり、西に広がる海に現れます。本来の光源は北西にある港の明るい部分なのにそれが光線の曲がりのため、見る人には、左手の暗い南西の海の部分に広がって揺らめいて見えます。極めて不思議な蜃気楼です。

［ルビ：不知火＝しらぬい］

＊2　上から光が来たように錯覚し、実物の上にも像が見える。
＊3　これは気象条件に加えて、10〜30 km 先に目印となる見やすい建造物（橋、対岸の工場など）があることも重要。琵琶湖や富山湾のものが有名。

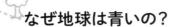

5 なぜ地球は青いの？

> 空が青く、朝焼け・夕焼けが赤いのは、太陽光が大気分子や大気中のチリなどに散乱されることが原因です。大気がなければ昼でも暗闇で、地球も青く見えません。

◎ 空が青く見えるのはレイリー散乱のせい

光が物体に当たって、その運動方向を変えて各方面に散ることを**光の散乱**といいます。

光が空気中の窒素分子や酸素分子のような、光の波長と比べて十分小さいときの散乱を**レイリー散乱**と呼んでいます[1]。

空が青いのは、太陽の光が大気中の窒素分子や酸素分子やそれらの分子集団のゆらぎで、レイリー散乱が起こるからです。

光は波長が短いほど散乱されやすいので、青色や紫色の光ほど四方八方に散乱されやすいことになります [図5-1]。散乱された光はその周辺の分子などにより、さらにまた何度も散乱がくり返され（多重散乱）、空一杯に散乱光が広がっていきます。空を見上げるとその散乱光の一部が私たちの目に入ってきます。ですから目に入るのは紫や青の光なのです[2]。

■図5-1 光の波長と散乱

波長が短い光
・粒子にぶつかりやすい
・散乱強い

波長が長い光
・粒子にぶつかりにくい
・散乱弱い

＊1 空が青いことを説明する理論を研究した英国のレイリー卿（1842-1919）にちなんで名づけられた。

＊2 波長の長い光は散乱を受けにくいため、大気中への散乱による広がりは短波長光よりずっと少なくなる。

◎ 地球が「青い」理由

　私たちの目にある色をとらえる視細胞中の錐体細胞は、とくに赤、緑、青を感じやすくなっています。これを**光の三原色**といいます。錐体細胞は青を感じやすいために、紫ではなく青に見えるというわけです。

　散乱光の半分は地表面へ向かうと同時に、半分は宇宙空間へも向かいます。そのため、宇宙から見た地球は青く見えます。

　ところで月には大気がありませんから、太陽光の散乱が起こりません。月では空は昼でも暗く、暗闇の中に太陽や星が見えることになります。もちろん太陽を直接見るとギラギラ輝いています。

◎ なぜ朝焼け・夕焼けは赤いの？

　朝焼けや夕焼けでは、太陽が地平線上にあるので、太陽光が大気中を長い距離進んでいきます。光は大気の中を長距離通るので、その間に紫・青の光は散乱されてしまい、散乱されずに残った光が私たちの目に届くのです。散乱されにくいのは波長の長い赤・

■図5-2　朝焼け・夕焼け

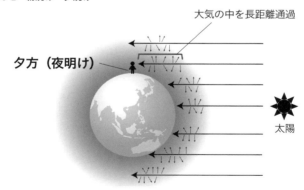

大気の中を長距離通過

夕方（夜明け）

太陽

橙の光です。このため、太陽も、その付近の空の色も赤く見えます。これが朝焼け・夕焼けです［図5-2］。

◎ 雲が白く見えるのはミー散乱

雲の正体は、小さな水や氷の粒の集まりです。雲1粒は水分子が何百兆個も集まっています。それが上向きの空気の流れ（上昇気流）によって浮かんでいます。

雲粒の大きさは雲の種類や雲のできたところなどによっても違いますが、直径0.005～0.1 mmで、多いのは0.02 mm程度のものです。可視光線の波長は0.00038～0.00078 mmくらいですから、それよりも雲粒のほうが大きくなります。

このような雲粒に光が当たるとミー散乱が起こります。ミー散乱ではどの波長の光でも同じように散乱します。どの波長も目にほぼ均等に入るので白く見えます。積乱雲のように斜めや横から見ると白く見えますが、厚い雲を下から見ると光の吸収により暗く見えます。下から見ると黒く見える雨雲でも、飛行機に乗って雲の上から見れば白く見えます。

◎ 水が水色なのは光の吸収による

よく「海の色が青いのは空の色が青いのと同じである」という説明がありますが、それは誤りです。

水が青いのは、水分子が赤色付近の光を吸収するからです。

コップの水程度では感じられないのですが、3 mの深さの水なら、光の透過率は44％で残りは吸収されてしまいます。

赤色が吸収されると、残りの光は青色になります（補色の関係）。その残りの光が水の中の物質（ごみやプランクトンなど）に散乱され

■図 5-3　青色が目に届く

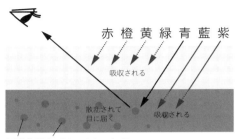

赤 橙 黄 緑 青 藍 紫

吸収される

散乱されて
目に届く　　吸収される

浮遊物質やプランクトンなど

て私たちの目に届きます。つまり、海が青く見えるのは、基本的には**赤色が吸収されて青色が残った透過光が水の中の物質に散乱されて目に届くから**です［図5‐3］。

　また海の色は、海水中の浮遊物質やプランクトンなどによっても決まります。プランクトンがあまり生息していない水深の深い黒潮では、光は深く射し込んで吸収されてほとんど帰ってきません。そのため海の色は文字通り黒っぽく見えます。

　一方植物プランクトンや浮遊物質が多いと緑色に見えます。赤色の色素を持つプランクトンが異常発生した赤潮では海の色は赤くなります。

　海の色には海面で反射する光も影響します。海面には空の色が映り、青空のときには青色、曇り空のときには灰色、そして夕焼け空のときには鮮やかなオレンジ色となります。

　どこで見るかによっても違います。真下に見える海の色は水中から出てくる光の色で決まり、遠くに見える海の色は反射光の色で決まると考えることもできます。

6 虹は真下に行くとどんなふうに見えるの？

雨上がりに見ることができる虹はふつう1本ですが、その外側にもう1本の虹ができることがあります。これは「副虹（ふくこう）」とよばれ、見ることができれば幸運だといわれています。

◎ 虹ができるのはどんなとき？

空に広がる美しい虹を見られるのは、雨上がりに急に晴れて太陽を背にしたときです。虹ができるには、まだ雨が降っているところがあって、大気中に細かい雨粒（水滴）があり、太陽から差し込む光が必要です。晴れた日に水撒きをしたり、水しぶきが上がる滝の付近や公園の噴水などでも、条件がそろえば虹を見ることができます。

◎ 水滴が太陽の光を分ける

太陽の光にはいろいろな色の光が含まれています。それを最初にガラスのプリズムを使って証明して見せたのはアイザック・ニュートンです。空気中からガラスや水のような物質に太陽光が差し込むと、光は境界面で少し曲がります。これが**屈折**です。光の曲がり具合（屈折率）は光の色によって異なります。

図6-1のように太陽光をスリットで細く絞って通り道がわかりやすいようにしてからガラスの三角プリズムを通すと、入口と出口の2回の屈折で、スクリーンに虹のように光が分かれるのを確認できます[*1]。

赤色の光は波長が長くて曲がりにくく、紫色の光は波長が短く

[*1] 私たちの眼には、いろいろな光が混じった光、たとえば太陽光は無色に見え、これを白色光とよぶ。ニュートンはプリズムで分けた光をレンズで集めると再び白色光に戻ることも実験で示している。

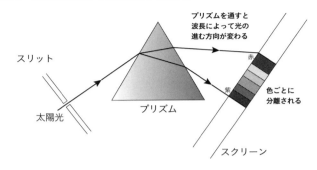

曲がりやすいのです。虹は無数の小さな球形の雨粒が太陽光を屈折、反射して分け、美しい光のアーチをつくり出しているのです。

◎ 虹の見え方と見る方法

　私たちがふつう見ることができる虹は主虹（しゅこう）といいます。赤色が外側で、赤・橙・黄・緑・青・藍・紫の順番に内側へ向かって波長が次第に短くなる順で並びます。

　また主虹の外側にぼんやりしたもう1つの虹が見えることがあり、これが副虹（ふくこう）です。紫色が外側、一番内側が赤色という、色は主虹とは逆順の並びです。しかも、主虹は明るくはっきりと見えるのに副虹は暗く、たとえ見えたとしても見つけにくいのです。

　まず、太陽を背にして自分の影を見ます。影の頭から見上げた方向に太陽光が水滴に差し込んで虹をつくります。無数の水滴の中で、観測者には上下左右、42度の角度にある雨粒から見える光は赤色に、40度の角度にある雨粒から見える光は紫色になります。これは観測者から見るとアーチ状に並んだ光になります。観

■図 6-2 水滴が特別な角度で反射する光が虹に見える

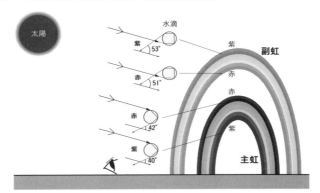

察者の眼を頂点とし、一定の角度で広がった円錐面上の水滴からの光が見えるので、虹は円弧の一部として見えます＊2。

　虹の下はどうなっているのか気になりますが、**虹に近づいていくと位置がずれて太陽光を分散している水滴からの光は眼に届かなくなり、見えなくなってしまいます**。

◎ 小さな雨粒の中で起きていること

　虹を探す角度の大きさは、球形の小さな水滴の中で起きることによって決まります。私たちがふつう見ることができる主虹は水滴の中で 1 回反射して、2 回屈折した太陽の光がつくり出しています。副虹は反射が 2 回で、屈折が 2 回です。反射するときには、光の一部分は透過して外へ出ていってしまうため、反射の回数が増えるごとに光は弱くなります。それで副虹は暗くなるのです。また、水滴から出てくる光の並び方が違うので、主虹は赤が外側、副虹は赤が内側になります。

＊2　副虹をつくる水滴からは赤が 50 度、紫は 53 度で、主虹の約 10 度外側にできる。

7 雷は+と−の電気が中和する現象？

雷はときに人命を奪い、火災を起こしたり、電気や通信、各種の電気機器・コンピュータ機器に被害をもたらします。一方、古来より夏の風物詩の1つでした。

◎ 雷雲中には電気的に+と−の電気の層がある

　夏の午後、にわかに空が黒くなり、しばらくすると、一陣の冷風とともに雷鳴がして激しい雨になり、30分もすると通り過ぎてしまう天気の変化は、雷雲によります。雷雲は、入道雲ともいわれ、正式名称は積乱雲です。

　積乱雲の中には、空気が上に向かう強い上昇気流があります。その速さは秒速15 m（風に逆らって歩きにくくなる程度）を超える場合もあります。上昇気流で上に行くほど温度が下がり、水蒸気は凝結して水滴や氷晶になり、氷晶はくっつき合って大きくなりあられになります。氷晶は、大気中で生まれたばかりの微細な氷の結晶で、大きさは約0.5 mm以下です。

　もともとは電気的に中性であった氷晶やあられなどの氷が、雷雲の発達過程の中で電気的に分離し、+と−に帯電するようになります。雷放電が起こるまで雷雲が発達すると、雲の中は、上層は+に帯電し、下層は−に帯電しています[1]。

◎ 雷放電は+と−の電気の中和現象

　雷放電は、**雲放電**と**落雷**（対地放電）の2つに大きく分けられます。雷放電全体の9割が雲放電で、残りの1割が落雷といわれ

---

[1]　雷雲の中は実際はもっと複雑で、下層に+が帯電している領域もある。

ています*²。どちらも、**＋の電気と－の電気とが一緒になって、電気的に中和する現象**です。

　雲内では、まず中層の－電気が雲の下層の＋電気のほうに移動して、雲内で電気の中和が始まります。また、雲から晴れた空間へ向かう放電もあります。

　一方、落雷は、雷雲内にたくわえられた電気が、雲と大地の間の放電で中和される現象です。落雷は、長さが数 km にわたり、時間的には0.5秒程度の現象です。

　雲内から開始なら放電は当然下向きです。多くの折れ曲がりや枝分かれをしながら、雷雲から大地に向かいます。このとき、雲内の＋電気が中和される**正極性落雷**と－電気が中和される**負極性落雷**とがあります［図7-1］。つまり、放電が雲内の＋電気から始まるか－電気から始まるかです*³。

■図7-1　負極性落雷のイメージ

　*2　このほかに、雷雲の雲頂から、はるか上空の中間圏や熱圏（電離層）まで伸びる放電などが観察されている。
　*3　冬季には正極性落雷が多いが、夏季には負極性落雷が多く、夏季の正極性落雷は10％以下。

逆に大地から開始なら放電は当然上向きですが、この発生数は雷全体の1％にも満たない稀な現象です。それでも冬季の日本海沿岸の風力発電設備などに頻発し、被害を与えることがあります。この場合、必ず地表物体の突起した先端から発します[*4]。

◎ 雷の光と音

ピカッと光ってから雷鳴が聞こえるまでの時間差から落雷場所の距離が計算できることはよく知られています。

光は1秒間におよそ30万km も進むので、何十km も離れていても一瞬で（ほぼ0秒）で伝わります。**雷鳴は1秒間に約340mで伝わる**ので、雷が光ってからゴロゴロっというまでの秒数を数えれば雷までの距離は時間差（秒）× 340 m で求めることができます。たとえば雷鳴が5秒後に聞こえたときは1.7 km 程度となり、30秒後に雷鳴が聞こえた場合は10 km 程度です ［**図7-2**］。

直前の落雷位置から次の落雷が起きる可能性がもっとも高いのは3〜4 km 離れた場所ですが、10 km 以上離れた場所でもふつうに落雷することがわかっています。つまり雷鳴が聞こえたらもう危険な範囲内にいるのです。

■図 7-2　雷鳴が聞こえるまで

$$5\,s \times 340\,m/s = 1.7\,km$$
（時間）　（音の速さ）　（距離）

*4　雷雲下では、高構造物・高層建築物の上端でもっとも強い電場がつくられることから、上向きの雷放電のほとんど全てが高層建築物の頂部からになる。

8 アコースティックギターの穴と空洞は どんな役割を担っているの？

> ギターやバイオリンなどの弦楽器には、弦だけでなく箱のようなものが必ずついていますね。この箱がないと、ギターの音はほとんど聞こえなくなってしまいます。

◎ 広い面積を振動させると大きな音になる

　私たちは空気の振動が鼓膜へと伝わったものを「音」として認識しています。この空気の振動は、広い面積でつくったほうがより大きな音になります。太鼓を叩いたときと、ピンと張った輪ゴムを弾いたときを比較すると、太鼓のほうが大きな音が出ることからもよくわかります。

　ギターも弦を左右からピンと張って弾くことで音を出しています。ところが、ギターは弱く弾いただけでも、輪ゴムを弾いたときとは比べ物にならないほど大きな音を出すことができます。

　エレキギターでは弦が生み出す振動を電気エネルギーによって増幅させて大きな音を出していますが、アコースティックギターには電気が流れていません。アコースティックギターでは、ギターについている箱が音を大きくしています。

　アコースティックギターで震えているのは、ギターの弦だけではありません。弦の振動が伝わって、箱、つまりボディも振動します。ボディの表板、側板、裏板が振動すると、とても広い面積から音が出ることになります。つまり、**私たちが「ギターの音」として認識しているのは、このボディが震えることでできた音な**のです[*1]。

---

　*1　こうしたことを踏まえ、演奏中にボディの振動を手で止めて音を消すことを演奏の1つの技術として活用している人もいる。

◎ ギターの音色

　ギターの弦はボディとつながっています。それにもかかわらず、ギターの弦の振動がボディによって止められることがなく、むしろボディも一緒に振動するのはなぜでしょうか。

　机を叩くといつも同じ高さの音が出ます。これはいつも同じ振動数で震えているからです。

　世の中のあらゆる物質には、それぞれ震えやすい回数があります。これを**固有振動数**といいます。しかし、固有振動数は1つでなければならないわけではなく、複数の固有振動数を持っているものもたくさんあります。複数の固有振動数がある場合には、一番小さい振動数を基本振動数といい、それ以外の振動数は、この基本振動数の整数倍（2倍、3倍、4倍……）となっています。それぞれの振動数から出てくる音を、倍音、3倍音、4倍音……といいます。楽器を弾いたときには机を叩いたときのような単調な音ではなく、響くような音色がします。音色は、この倍音があることで生じています。

　近くの物質から振動が伝わってきたとき、その振動数が物質の持つ固有振動数と同じ場合には**共振**とよばれる現象が発生します。

　糸に3本の振り子をぶら下げ、そのうち2本を同じ長さにしておきます。同じ長さの2本のうち一方をA、他方をBとよぶことにして、Aだけを揺らすと、長さの違う振り子は揺れませんが、同じ長さの振り子は同じ振動数を持つので、Aと同じ長さの振り子であるBが次第に揺れるようになってきます。この現象が共振です[2]。

---

[2] 大きな地震が起こったときに特定の建物だけが大きく揺れることがあり、これも共振とよぶ。とくに音に関する共振を「共鳴」とよぶ。

◎ ギターの穴と空洞の役割

アコースティックギターにある穴からは、ボディの内側で発生した音が出てくるので、より一層音が大きくなります。バイオリンやチェロにあるf字型の穴も同じ役割を果たしています。チェロは床に置いて演奏することから、チェロが床をも振動させ、床さえ楽器にしているともいえます。

ギターが音を出すときに使われている仕組みはもう1つあります。ボディには固有振動数がありますが、ボディの内部の空洞にも固有振動数があります。ボディが振動することでつくられた空気の振動の振動数が、箱の内部の空間の固有振動数と一致すると、共鳴が発生してより大きな音が出てきます。

◎ あえて音を消す「ノイズキャンセリング」

空気の振動、つまり濃い空気（密）と薄い空気（疎）のくり返しである音は、別の方向から来た空気とぶつかると互いに影響をおよぼします。濃い空気どうしや薄い空気どうしがぶつかるとより音は大きく、**濃い空気と薄い空気がぶつかると濃淡が打ち消されてしまって音が消えます**。この音が消えるメカニズムをうまく活用しているのがノイズキャンセリング機能です［図8-1］。

■図8-1　音を打ち消すノイズキャンセリング

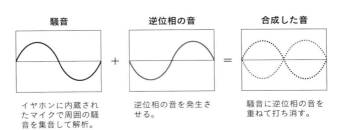

騒音
イヤホンに内蔵されたマイクで周囲の騒音を集音して解析。

逆位相の音
逆位相の音を発生させる。

合成した音
騒音に逆位相の音を重ねて打ち消す。

9 自分の声は、耳と頭がい骨の両方から聞こえている？

音とは、物体が発する空気の振動です。この振動が耳の中を通って蝸牛（かぎゅう）に伝われば「音が聞こえる」のですが、空気の振動は、実は頭やあごの骨からも伝わっています。

◎ **難聴のベートーベンはどうやって音を聴いた？**

作曲家として有名なベートーヴェンには持病の難聴があり、晩年には日常会話さえままならなかったそうです。それでも彼が作曲を続けることができたのは、指揮棒を口にくわえてピアノに押しつけ、その指揮棒から歯を伝わってくる振動で「音」を聞くことができたからだといわれています。

ふつう、音は物体の振動が空気の振動に変わり、空気が耳の中の鼓膜にその振動を伝え、鼓膜に伝わった振動が蝸牛から脳へと伝わることで聞こえます。このようにして聞こえる音を**気導音**といいます。

一方ベートーヴェンの逸話からわかることは、「空気→鼓膜→蝸牛→脳」の気導音ルートではなくても、音を聞くことができるということです。

難聴だったベートーヴェンは、音の振動を「指揮棒→歯→頭の骨→蝸牛→脳」へと伝えて音を聞いていたのです。このようにして、あごや頭の骨に振動を伝えることで音を聴く方法を**骨伝導**（こつでんどう）といいます。そして、骨伝導によって聞こえる音を**骨導音**といいます［図9-1］。

■図 9-1　空気の振動と骨の振動

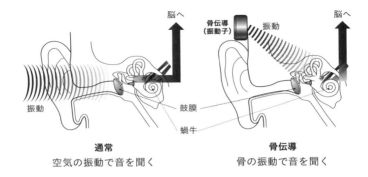

通常
空気の振動で音を聞く

骨伝導
骨の振動で音を聞く

　骨伝導は、健常な人でも日常生活の中でおこなうことができます。そもそも側頭部についている**耳（耳介）や鼓膜は、蝸牛に音の振動を伝えるための器官に過ぎない**ので、音の振動があごや頭の骨から蝸牛に直接伝われば、鼓膜を通さなくても音は聞こえます。ただし、音を伝える空気の振動はあごや頭の骨を震わせるほど大きくないので、ふだんは鼓膜を通した気導音を主に聞いているのです。

◎ 録音した自分の声がいつもと違う理由

　録音された自分の声を聞くと、自分の声と違う感じがして妙な感覚になることがありませんか。それは、私たちは自分が出す声をいつも鼓膜からの振動（気導音）と、あごや頭の骨からの振動（骨導音）の両方から聞いているからです。

　一方で**録音した声は、鼓膜からの振動（気導音）だけで聞いているので、いつもと違った声に聞こえる**というわけです。

◎ 骨伝導ヘッドホン

　骨伝導を応用すれば、耳ではなく、こめかみなどに装着したヘッドホンで骨に振動を伝えることで音を聞くことができます。骨からの振動を脳に伝えて聞く方式なので、周囲の音も聞きながら同時にヘッドホンからの音を聴くことができます。骨伝導なら鼓膜を震わせないし、耳をふさがれる圧迫感もないので、長時間使用しても耳が疲れにくいのも大きな特徴です。そのため、消防士のような耳をふさぐと危険な状況での通信手段としても役立っています。

　最近ではこめかみに当てるタイプだけでなく、ピアスのように耳につけるクリップタイプのヘッドホンや、ヘッドホンを内蔵したサングラスなどが開発されています。また、補聴器でも機能性とデザイン性を高めた骨伝導モデルも登場しています。

◎ イルカも骨伝導で音を聞いている

　骨伝導の仕組みを考えてみると、音は固体中をよく伝わることがわかります。たとえば、金属製の長い手すりに耳を当てて、離れた手すりの端を「コンコン」と叩いてもらうと、その音が聞こえます。さらに音は固体だけでなく液体の中でもよく伝わります。意外かもしれませんが、**空気中より水中のほうが音はよく伝わる**のです。

　水中で暮らしているイルカの耳は、水が浸入しないようにほとんど閉じられています。しかし、水中を伝わってくる音の振動をあごの骨で受け止めて骨伝導で音を聞き、危険を回避したり仲間とコミュニケーションをとったりしています。

10 楽器の音の高さや音色は どうやって決まるの？

管楽器や弦楽器では、波の物理的性質によって音の高さが決まります。演奏はそれを制御する技術です。楽器のサイズや弦の太さも、その楽器特有の音と物理的な関係があります。

◎ 音の三要素

音は空気の振動（圧力変化）が伝わる波で、**音波**ともいいます。

音の三要素という言葉があります。「音の高さ」「音の強さ」「音色」です。「音の高さ」は音波の振動数（1秒間に振動する回数）で決まり、Hz（ヘルツ）という単位で表します。「音の強さ」は空気の振動の強弱を表し、圧力の振れ幅などで表現します。「音色」については改めて解説します。

◎ 波の基本的性質

音波も含め、一般に波は**図10-1**のように **1回の振動の間に1波長分の距離を進む**性質があります。ここで「波長」とは、波の形のくり返しの1回分の長さのことです。1回の振動に要する時間を「周期」とよぶので、上記の関係は【波の速さ＝波長÷周期】と表されます。また周期は1秒を振動数で割った時間になるので、【波の速さ＝波長×振動数】と書くこともできます[*1]。

◎ 管楽器の仕組み

管楽器はその名の通り「管」で内部は空洞です[*2]。この管の中の空気を「気柱」とよびます。管を吹くと吹き口のところで生じ

[*1] 音波に限れば、波の速さは「音速」340 m/sでほぼ一定なので、波長と振動数は積が一定となり、反比例の関係にある。

[*2] たとえばトランペットやホルンはくるくる巻いてあるが伸ばせば1本の管になる。

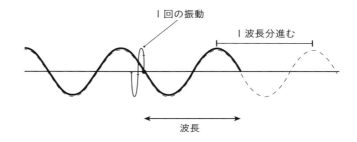

■図10-1　波は1回の振動で1波長分の距離を進む

1回の振動

1波長分進む

波長

た振動が気柱を伝わる音波となって管の両端で反射し、管内を往復する間に自分自身と重なって、ある条件（後述）を満たす波を強め合います。これを共鳴といいます。

　管楽器には両端が開いた**開管**（フルートやリコーダーなど）と、片方が閉じた**閉管**（クラリネットやオーボエなど）の2つのタイプがあります。図10-2のように気柱の長さをLとすると、閉じた端では空気は振動できず、開いた端では大きく振動するという条件を満たすために、共鳴する音波の波長のうちもっとも長いものは、開管では2L、閉管では4Lになります。この波長に対応する音を基本音といい、その音の高さ（基本振動数）は上記の関係から【音速÷波長】で決まります。Lが長ければ波長が長くなり振動数が下がります。だから、大型の管楽器は低い音を出すのです。

　リコーダーやクラリネットでは穴を開けたりふさいだりして、トロンボーンではスライド管を伸縮して、またトランペットでは、ピストンを押し下げることで迂回管をつなぎ替えて、実質的

■図10-2　管楽器の音の高さの決まり方

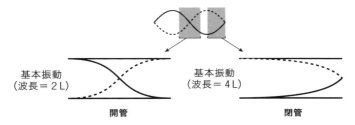

基本振動
（波長＝2L）

開管

基本振動
（波長＝4L）

閉管

管の長さをLとすると、共鳴するもっとも長い波長は、開管では2L、閉
管では4Lとなる。音の高さ（基本振動数）は、【音速÷波長】で決まる。

な管の長さLを変え、音の高さを制御して演奏しています。

◎ 弦楽器の仕組み

　弦楽器は、ピンと張った弦をはじいたりこすったりして振動さ
せ、音源としています。弦を伝わる波の速さは、弦の張力や重さ
で決まり、張力を増せば速く、太くて重い弦では遅くなります。
　弦の振動でも、固定された両端で反射して往復する波が自分自
身と重なって強め合う条件は、弦の長さLに対して、波長が2L
の整数分の1になるものに限られ、**図10-3**のように音の高さ（基
本振動数）がLで決まります。ですから、弦楽器も低い音を出す
ものは一般に大型です。多くの弦楽器では、弦を指で押さえるこ
とでLを変化させ、音の高さを制御して演奏します。また張力
を加減して細かいチューニングをおこなっています。

基本振動
（波長＝ 2 L）

弦は両端が固定されているので、可能なもっとも長い波長は 2 L となる。
音の高さ（基本振動数）は、【（弦を伝わる波の速さ）÷波長】で決まる。

◎ 音色と倍音

　管楽器でも弦楽器でも基本振動数の整数倍（閉管では奇数倍）の
振動数の振動も共鳴の条件を満たします。それらに対応する音を
倍音とよんでいます。実際の楽器の音は基本音に無数の倍音が混
合されたもので、倍音の混じり具合がその楽器特有の音色を決め
ています［**図10 - 4**］。同じ高さの音を出しても、フルートとバイ
オリンの音ははっきり区別できます。倍音の混ざり方が違うから
です。

■図 10-4　倍音を混ぜると複雑な波形（音色）が合成される

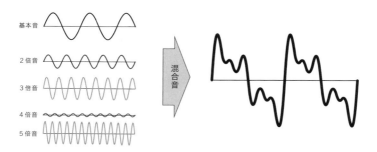

基本音

2倍音

3倍音

4倍音

5倍音

混合音

第2章
「街角と宇宙」
にあふれる物理

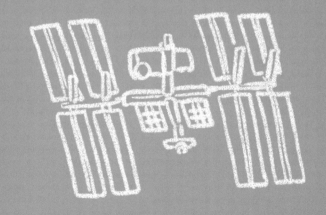

11 アーチ型の石橋と卵は同じ構造？

> 上向きに弧を描くアーチは、橋やトンネルなどの建造物、身近
> にある卵や豆電球などにも見られる構造です。力のつり合いを
> 巧みに利用して、シンプルかつ頑丈なつくりを実現しています。

◎ 石の重さだけで何百年ももつ石橋

　長崎市にある眼鏡橋は、江戸初期に建造された現存する日本最
古のアーチ型石橋です。この眼鏡橋は、接着剤やセメントを使わ
ず、石材の自重のみで支えられています。重い石は本来なら下へ
下へと沈んでいきます。しかしアーチ構造なら、沈みながら隣り
合った石どうしが押し合い、強固にしまっていきます。上に重い
物が乗ったとしても、さらに強固にしめつけられ、頑丈になって
いくのです。

　アーチ型石橋の起源は古く、紀元前4000年頃のメソポタミア
文明までさかのぼります[*1]。

◎ アーチ型石橋のつくり方

　まずアーチを支えるための木製の土台（支保工）をつくり、そ
の左右から輪石を敷き詰めていきます。ただし両端の足元には水
平方向にも力がかかるので、足元が開かないように押さえる必要
があります。アーチの両端を受けて固定する部分はとくに頑丈に
つくるか、岩盤を利用するなどの工夫が必要です。最後に中央の
楔になる石（キーストーン）を打ち込み、壁石を敷き詰めたら完成
です [図11-1]。

＊1　ローマ時代の水道橋やコロッセオなどの建造物、中世ヨーロッパのドーム建築にも
　　アーチ型の石橋の技術が活用されている。

■図 11-1　アーチ型石橋のつくり方と力の関係

支保工

①木材のアーチを支える
土台（支保工）をつくる

楔石（キーストーン）

輪石　　壁石

②支保工の左右から輪石を
積んで最後にキーストー
ンを打ち込む

③壁石を積み上げて完成

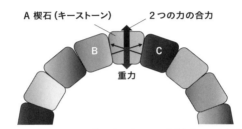

A 楔石（キーストーン）　　2つの力の合力

B　　C

重力

BがA（キーストーン）を押す力と、Cが逆向きにAを押す
力の合力がつり合って、石橋が安定する。

◎ キーストーンの役割

　キーストーンを最後に打ち込むことで、**キーストーンに接して
いる左右の石が押してくる力の合力が重力とつり合います**。この
つり合いによって、アーチ型石橋が上からの力に強い構造になる
のです。だからこそ、キーストーンを外すと、つり合いが崩れて
石橋が崩壊します。文字通り「楔になる石」なのです。

◎ 卵の殻はなぜ割れにくい？

　生卵は机で叩いて簡単に割れるイメージがありますが、実は意

外に丈夫で、とくに縦長の方向なら 3 〜 10 kgw [*2] の重さにも耐えることができます。薄い殻なのに外から加える力に強いのは、アーチ構造をしているからです。殻の上から加えられた力は分解されて、隣の殻を押す方向にはたらきます。分解されたあとの力も決して小さくありませんが、アーチ型石橋のように、卵の殻も両側から押し合う力がはたらくので簡単には割れないのです [図11 - 2]。卵の殻のような立体的なアーチは**シェル構造**とよばれ、教会やドーム球場、ダムの外壁などに広く応用されています。

■図 11-2　卵もアーチ構造

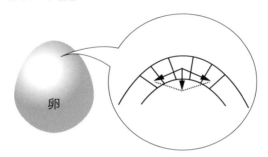

卵

力を分解して殻を押し合っている

アーチ構造はこのように上から押す力には強いのですが、横に引っ張られる力や、下から上に押す力には弱いものです。石橋なら、キーストーンはもちろんそれ以外の石でも 1 つ外れればすぐ崩れてしまいます。卵の殻の場合は、内側からの力に弱いので、ヒナは殻を破って出てくることができるというわけです。

＊2　地球上で質量 1 kg の物体にはたらく重力の大きさ（重さ）に相当する力を 1 kgw（重量キログラム）という。1 kgw は約 10 N（ニュートン）である。

12 打ち水をするとどのくらい涼しくなるの？

日本では古くから打ち水によって涼をとるという文化があります。近年では打ち水によって熱中症予防をしようといった取り組みが話題になっています。

◎ 打ち水の原理

暑い季節に道や庭に水をまく打ち水では、水が地面の持っている熱を奪い、蒸発していくことで気温を下げています［図12-1］。

■図12-1　熱の移動による状態変化

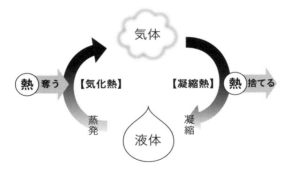

水分は蒸発時に熱を奪っていく

1Lの水を水蒸気にするためには、600 kcal程度のエネルギーが必要とされています。5 kgの水だと3000 kcalです。私たちが1日に必要とする摂取エネルギーは多くても3000 kcal程度です

が、健康な成人の体重は5kgをはるかに上回ります。こう考えると、水が水蒸気になるときにはかなり多くのエネルギーを奪っていくことがわかります。同じ地面でも、水を含みやすい土と、水を含みにくいアスファルトを比較すると、土のほうが5℃ほど温度が低いという実験結果もあります。

◎ アスファルトは夜も熱を出し続ける

最近、日本各地で打ち水をするイベントが多く開催されるようになりました。これは都市部の気温が高くなってしまうヒートアイランド現象を少しでも緩和しようとするものです。ヒートアイランド現象が起こってしまう原因は大きく2つあります。

1つは、アスファルトが水を含みにくく、水によって熱が奪われにくいことです。もう1つは、アスファルトは温度を変化させるために必要なエネルギーである比熱が大きく、冷めにくい、ということです。一度暖まってしまうとなかなか冷めないため、夜でも高い温度のままとなってしまうのです。

たき火やこたつでは、温度が高く赤く光っているときには、まわりも暖かくなりますね。これは、熱が電磁波となって放出される、**熱放射**（熱輻射）とよばれる現象が起こっているからです[1]。熱い物質から多くの電磁波が出ることによって、暖かく感じられるのです [図12 - 2]。

この熱放射があるときとないときとでは、最大で9℃も気温が変わるというデータもあり、相当な熱量だといえます。アスファルトの地面ばかりの地域では、夜でも高い温度を持つアスファルトから熱放射が起こり、夜の気温がなかなか下がらなくなってしまうのです。

---

[1]　熱放射は冷たい物質でも起こっている。ただし冷たい物質ではそもそも出せる熱が多くないため、冷たい物質の近くに寄っても暖かくなることはない。

■図12-2　熱放射（熱輻射）と熱伝導と熱対流

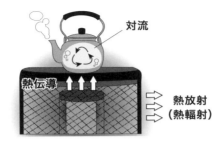

熱の伝わり方には熱放射のほかに、物質の中を熱が伝わる熱
伝導と、気体や液体が動くことで熱が伝わる熱対流がある。

◎ 打ち水はやるべきか？

アスファルトが高い温度になってしまうのが問題ならば、これ
を冷やすことでヒートアイランド現象が収まる可能性がありま
す。

実際に過去に研究されたデータとして、「打ち水大作戦2004」
という東京都墨田区における7日間の打ち水の結果では、平均で
0.69℃、最大で1.93℃の気温低下が観測されています。そして、
この気温低下は平均で23分間、最大で56分間続いたとされてい
ます。この結果を見ると、打ち水によって確かに気温が下がって
いることがわかります。しかし、下がるのはよくても2℃で、長
くても1時間です。40℃にも達しようという日にたかだか2℃
下がったところで38℃にしかなりません。これで熱中症を予防
しようするにはかなり無理がありますし、涼しいと感じられるほ
どでもないでしょう*2。

＊2　暑い日には無理をせずにクーラーの効いた室内にいるほうがよいといえる。

13 体脂肪計は体に電流を流して測定している？

> 目盛り式（アナログ）の体重計は、学校で学んだ「ばねばかり」が使われていますが、デジタル体重計や体脂肪計はどのようにして体重や体脂肪を測定しているのでしょうか。

◎ 体重を測る基本はフックの法則

アナログ体重計にはばねやてこが入っていて、フックの法則を利用したばねの伸びによって体重を測っています[*1]。**「ばねのような弾性体に力がはたらいたとき、その変形量は力に比例する」ことをフックの法則**といいます。この法則は、弾性体の弾性がある範囲内では、力の大きさと変形量はかなりの正確さで比例関係にあることを含んでいます。実際、フックは、金属・木・石・焼き物・毛・角・絹・骨・腱・ガラスその他どんな物体でも、その比例関係が見られることを確かめています。

デジタル体重計では、ばねの代わりに、一般的に金属からできている**起歪体**が利用されています。起歪体とは、加わった力に比例して「ひずみが生じる物体」です。

◎ デジタル体重計は金属の抵抗を測っている

ではデジタル体重計は、どのようにして体重を測っているのでしょうか。実はデジタル体重計の中身はスカスカで、基本的には4か所の力センサーと、それらと配線でつながった基盤だけのシンプルな構造です。

力センサーとは起歪体にひずみゲージを貼りつけたもので、ひ

[*1]　ばねのように力を加えると伸びたり縮んだりひずんだりし、力を加えるのを止めるともとに戻る性質を「弾性」という。

ずみゲージには金属箔が貼りつけられています。その金属箔が起歪体と一緒にひずんでわずかに伸び縮みした変形量を電気的に測定しているのです［図13-1］。

■図 13-1　デジタル体重計の測定法

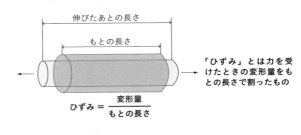

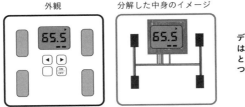

この原理は、「金属の電気抵抗値は断面積に反比例し、長さに比例する」ことです。金属を伸ばすと断面積は減少し、長さは増加するので抵抗値が大きくなります。逆に縮めると抵抗値は小さくなります。

　人がデジタル体重計に乗ると、体重に応じて起歪体と一緒に金属箔が伸び縮みします。そこに流した電流と電圧値を測定して抵抗値を算出し、体重に変換しているのです。当然ですが、天板のどこにどんな姿勢で乗っても体重は変わりません[*2]。

---

　*2　それぞれの力センサーが受ける力は変化するが、力学的なつり合いを考えれば、4か所の力センサーに加わる力の合計が、体重と装置の重量の和に等しくなる。つまり体重計の基盤では、4か所の測定値を足し算して装置の重量分を引き、体重に変換する処理までおこなっていることになる。

体重計の重量分の補正は、使用前の初期設定の段階で自動的におこなわれます。また、重力の大きさは場所によって違うので、重力補正する地域設定も初期設定でおこなう必要があります。

◎ 体に電流を流して測っている

体脂肪計は、電極が触れる足裏から微弱電流を体に流し、抵抗の変化を測定することで、体脂肪を算出します。私たちの体の筋肉組織と脂肪組織では抵抗が違います。筋肉はイオンを含む水分の割合が大きいので電流が流れやすく、水分が少ない脂肪よりずっと抵抗が小さくなります。この特徴を利用して体脂肪を測定するのです。

しかし、同じ体脂肪率なのに、身長が高い人のほうが低い人より電流の流れる経路が長くなって電圧値が大きくなる場合があります。そのため、体脂肪計の初期設定で年齢や身長、性別を入力して、補正する必要があります。

体脂肪計は脂肪に微弱電流を流すのですが、足裏の分厚い皮下脂肪は電気抵抗値がかなり大きく、そこに流せる電流となると人体に危険な値になってしまいます。そこで、足裏でも皮下脂肪の層が薄い「つま先」から微弱電流を流し、必要になった電圧を「かかと」で測定して、電気抵抗を算出します。そのため、体脂肪計の電極は左右のつま先とかかと部分にだけあります。

また、電流を流す電極と、電圧を測定する電極を4つに分けることで、体の中を通って変化した抵抗値を測定できます。そうでないと、電極が接している皮下脂肪の接触抵抗だけを測ることになってしまうからです[3]。

---

[3]　参考：「体脂肪率がわかる仕組み」（TANITA official）
　　　https://www.youtube.com/watch?v=0N98TNhAqNM

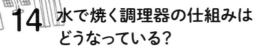

14 水で焼く調理器の仕組みは どうなっている?

「水で焼く」調理器・ウォーターオーブンが発売されたのは2004年です。これは過熱水蒸気を使って調理するもので、その後は似たような調理器が多数商品化されています。

◎ 水の状態変化

私たちの地球は、その表面の約70％が水でおおわれています。その98％以上が海水です。宇宙から見た地球は、満々と水をたたえた"水惑星"です。

水は、私たちの生活する温度範囲で、固体、液体、気体の3つの状態を見せる物質です [**図14-1**]。1気圧のもとで融点（凝固点）は0℃、沸点は100℃です。氷を加熱すると0℃で融解して水になり、100℃で沸騰して水蒸気になります。0℃以下の氷でも、水でも、0℃・30℃・90℃のときも表面から水蒸気になっています（逆に水蒸気から水に戻ってもいます）。

■図14-1 水の状態変化

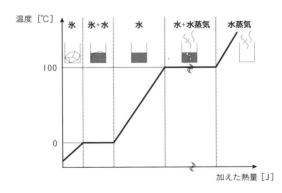

◎ 水蒸気をどんどん加熱していくとどうなるか

沸騰している水から出る水蒸気は100℃ですが、その水蒸気をさらに熱すると、温度が上がった水蒸気になります。

たとえば、銅パイプをコイル状にしたものに水蒸気を通し、その銅コイルをバーナーで加熱します。すると水蒸気は100℃どころではなく200℃、300℃を超えるような高い温度になります。これを**過熱水蒸気**といいます。熱く乾いた感じの水蒸気で、マッチに火がついたり、紙が焦げ出したりします。水蒸気で濡れるのでなく焦げるのです。

ではもしも、さらに熱して水蒸気の温度を上げたらどうなるでしょうか。

水分子（H_2O）は酸素原子（O）の両側に水素原子（H）が1個ずつ結合した構造をしています。この水素－酸素間の振動も熱エネルギーの一部です。温度が低いうちは無視できるものの、温度が高くなるとこの振動も激しさを増していきます。そして、数千℃程度で水素－酸素間の結合が切れてしまいます。こうなると、もう「水」ではなく、水素と酸素に熱分解してしまいます。

さらに温度を上げていき、太陽の表面温度6千℃程度になると酸素分子は酸素原子になってしまいます。7千℃では水素分子も水素原子になってしまいます。

さらに何万℃というレベルになると、原子の状態ですらいられなくなります。

原子核と電子に別れ別れになり、独立して運動するようになります。これをプラズマ状態といいます[1]。

---

[1] プラズマは固体・液体・気体に続く物質の第4の状態。温度が上昇すると原子核のまわりを回っていた電子が原子から離れ、正イオンと電子に分かれる（電離）。電離によって生じた荷電粒子を含む気体をプラズマとよぶ。

◎ ウォーターオーブンは過熱水蒸気で調理

　ウォーターオーブンは、食品に300℃を超えた過熱水蒸気を当てることで調理します［図14-2］。

　食品に当たった過熱水蒸気は食品を温め、自らは冷えて液体の水に戻り、食品の表面で結露します。

　しかし食品の温度が100℃を超えると、いくら過熱水蒸気を当てても結露せずに、過熱水蒸気の熱で食品が含んでいる水を飛ばしてしまいます。過熱水蒸気で食品が濡れた状態になるどころか、パリッとカリッと焼けるのです。

　ウォーターオーブンの高熱で、食品内部の脂分や塩分を溶かし出した水がポタポタと落ちます。

　また調理器内の空気を追い出すことで、空気中に21％あった酸素がぐんと減ります。低酸素状態では食品の成分を酸化しにくいので、ビタミンなど酸化に弱い成分の酸化を抑えます。こうして美味しい料理ができるというわけです[2]。

■図 14-2　ウォーターオーブンの仕組み

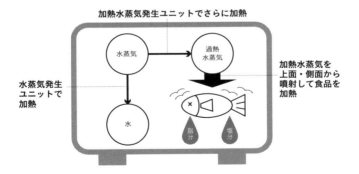

＊2　最初に販売されたウォーターオーブンは過熱水蒸気のみを利用していたが、その後出された調理器は過熱水蒸気の利用に加えて、マイクロ波の併用、ヒーターの併用、マイクロ波とヒーターの併用などいろいろな加熱方式を組み合わせている。これらはスチームオーブンレンジと総称されている。

15 人はどうして2本足で倒れないの？

人は進化の果てとして、2本足で立っています。それは内耳のはたらきと視覚情報を脳が一致させて、常に重心を安定の位置に保てるようにしているからです。

◎ 安定であること

人体のような細い棒状のものが立っている場合の倒れない条件は、**図15-1**に示したように、体の長さに対して上から40～50%程度の位置にある重心（点G）から鉛直に降ろした線が、床の2本の足で支えることのできる実効的な面の中に入っていることです。しかし、人間の場合に重要なのは、その静的安定条件から外れる動き（ゆらぎ）を体の内外から受けたとき、それをどう感知して、体が倒れてしまう前に補正するかです。

機械の場合は、傾きが起こっているかどうかは「水準器」で測ります。これは容器に入れた水の面が水平になる性質を利用してその面を見て確認する仕組みです。

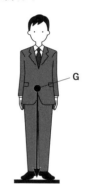

■図15-1

◎ 平衡器官の仕組み

驚いたことに、人間も体内でそのような「水準器」を使っています。それは水ではなくてゼリー状のリンパ液です。

耳の鼓膜の奥には鼓室という空間があります。さらに奥の内

■図 15-2　耳のつくり

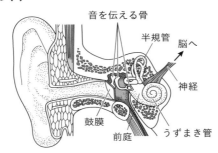

耳に**図15 - 2**のような「うずまき管」があり、内部のリンパ液を振動させて音を感じています。その「うずまき管」の上部に「前庭」および「半規管」とよばれる器官があり、これらが平衡かどうかを検知しています。その「前庭」にはゼリーがあり、平衡砂[*1]とよばれる微粒子を含んでいます。

　ゼリーには感覚毛が差し込まれていて神経につながっています。そのため、この前庭が傾くと、ゼリーの流れとともに平衡砂が動いて感覚毛が曲がり、受容細胞の興奮を引き起こします。人はこの傾きを測って、平衡に関する感覚（知覚）を得ています。

◎ **視覚も大切**

　実際の場で水平方向・垂直方向を感知する場合は、目で見た外部の映像も参考にしています。たとえば長さ１ｍ程度の大きな紙に太さ３cm程度の線を５cmくらいの間隔で７本程度垂直に引いた画像を用意します。これを目の前に鉛直に置いてじっと見つめます。この図を突然、20度程度回転してみましょう。しっかり立ち続けるのはかなり大変なはずです

　＊１　炭酸カルシウムからなる。

16 走っている自転車が倒れにくいのはなぜ？

自転車に一度乗れるようになると、あれこれ考えず自在に乗りこなせます。この「体が覚えた」状態は、車体の構造上の工夫と、人が無意識でおこなう意外な操作技術に支えられています。

◎ 自転車が前に進むためには

ペダルを踏んで、タイヤを回転させて前方に進むと、路面との間に適度な摩擦力がはたらきます。タイヤは滑らずに回転し続け、路面から受ける前向きの力で自転車は前進します。

摩擦が起こる理由には古くから凸凹説がありました。接触する物体間の表面にある凸凹が互いにかみ合い、それを乗り越えようとする力が摩擦力だという考え方です。しかし、実際には表面が丁寧に研磨された物体どうしでもそれほど摩擦力は低下せず、むしろ研磨するほど強くなる場合もあります。

現在もっとも有力な説は、互いの物体をくっつけようとする力がはたらくというものです。物体をいくら研磨しても微かな凸凹が残ります。その研磨面を合わせた間で本当に接触している面積は見かけの接触面積の1000分の1以下ですが、加えられる荷重に比例して大きくなり、分子間力によって互いをくっつけようとする凝着力がはたらきます。この凝着力を切ろうとする力が摩擦力だという考え方です。

ゴムは変形しやすい特性を持ち、路面の凹凸に従って入り込みやすいので、摩擦が大きい素材です。そのため制動力や駆動力に優れたタイヤをつくることができます。

◎ 自転車が倒れにくい理由

　自転車の車体が傾くと、前輪を同じ方向にハンドルを切って、車体を立て直します。このはたらきを助ける条件が3つあります。

条件①：ハンドル軸の延長線より後ろにタイヤの接地点がある

　自転車のハンドル軸は、地面に対して角度をつけて設計されています。これによってハンドル軸の延長線より後ろにタイヤの接地点ができ、ハンドルは傾けた方向に切れます［図16-1］。車体が左に倒れそうになると、ハンドルが左に切れて、直進時はタイヤと路面との間の摩擦力しかはたらいていなかった車体に、遠心力による外側（右側）へ立て直す力が生まれて倒れるのを防ぐのです［図16-2］。

■図16-1

ハンドル軸の延長線より
後ろにタイヤの接地点がある

■図16-2

ハンドルを左に切ると
遠心力で右向きの力がはたらく

条件②：前輪の重心が軸より前にある

　ハンドル軸の延長にあるフロントフォークは、前輪軸の中心近

くでわずかに曲がっています。すると前輪の重心が前輪軸より前方に来て、ハンドルを切った向きに車体が傾きやすくなります。昔、ドイツの喜劇王が映画で乗っていたような自転車は前輪の重心がハンドル軸の真下だったので、かなり操作が難しかったことでしょう。

条件③：前輪にはたらくジャイロ効果

ジャイロ効果とは、「コマのように物体が回転しているときに、軸の方向を保とうとする性質」です。**図16-3**のように、回転するタイヤの軸を傾けると、回転椅子に座った体が回転していきます。**図16-4**で考えると、回転中のタイヤが左に傾いたとき、車輪の一番前で真下に行こうとする力が、斜め右下に向かう力に変わります。すると、それを妨げるようにさらにもとの真下へ、つまり反対の斜め左下へと向かう慣性力がはたらきます。この慣性力が回転椅子に座った人を回転させ、自転車では倒れないようにはたらくというわけです。

■図 16-3

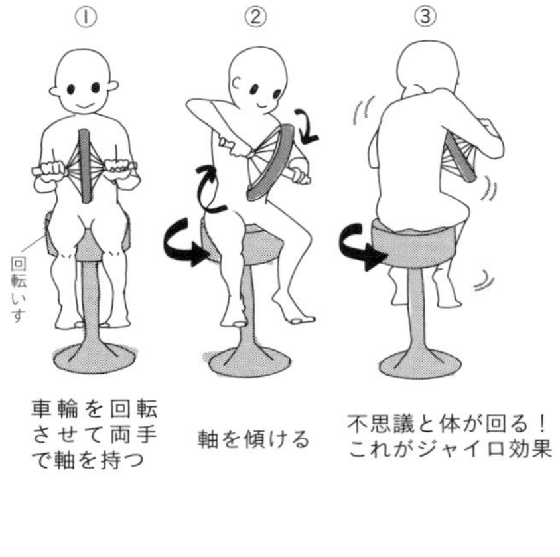

車輪を回転
させて両手
で軸を持つ

軸を傾ける

不思議と体が回る！
これがジャイロ効果

回転
いす

■図 16-4

傾いたあと
の軸を

元の軸を

発生する
慣性力

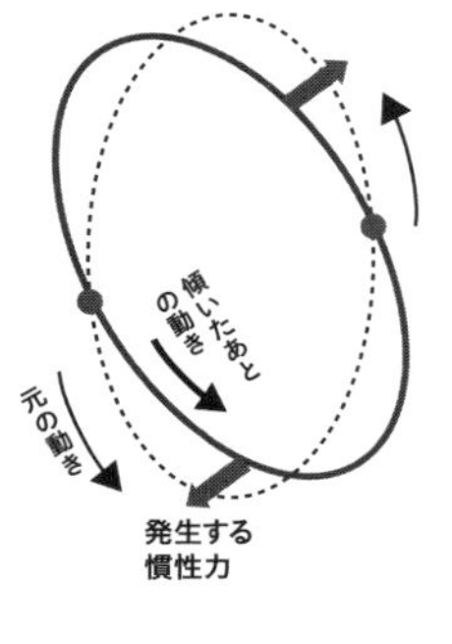

　ただし、ジャイロ効果はある程度以上の速度で回転しないとはたらかず、生じる慣性力もそれほど大きな力ではありません。

◎ 自転車に乗る人の技術も大切

　図16 - 5の自転車は、条件①とは逆で、ハンドル軸の延長線より「前に」タイヤの接地点があります。条件③についても、前輪・後輪それぞれにつけられた逆回りする車輪でジャイロ効果が打ち消されています。条件②だけは、前輪の重心がハンドル軸よりわずかに前に出て、条件を満たしています。

　それでもこの自転車は倒れずに安定して走行します。つまり、条件①〜③は自転車の安定走行に貢献しますが、必ずしも全て満たす必要はないということです。

　また、人が乗ることでも安定性は増します。自転車が真っ直ぐ走る間も微妙に体を倒して重心をずらしたり、わずかにハンドルを切ったりして、車体を巧みに立て直しています。意外なことにふつうに曲がるときにも、曲がる方向とはわずかに逆向きに、無意識でハンドルを切っていることもわかってきました。

■図16-5

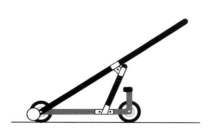

条件①〜③のすべてを満たさない自転車

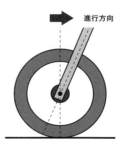

進行方向

ハンドル軸の延長線より
前に前輪の接地点がある

17 遊園地のフリーウォールでは重力加速度 G の何倍を体験できる？

> 私たちは重力から逃れることができません。ふだんはたらいている重力による加速度を１Gとすると、遊園地などではそれより小さかったり大きかったりするGを楽しむことができます。

◎ 宇宙飛行から帰ってきた向井千秋さんがまずやったこと

向井千秋さんは、1994年に日本人女性で初めて米国のスペースシャトルで宇宙飛行をした医師です。

彼女は言います[*1]。"無重力の世界はとっても不思議でとっても面白い世界です。重力のある地球上で生活していると当たり前過ぎて意識すらしないことも、重力があるからこそできることがたくさん！ たとえば部屋にカーテンがかかるのも、服が体にフィットするのも、テーブルにカップを置けるのも、水が排水溝へと自然に流れるのも全部重力があるから。ボールペン１つとってみても重力がないとインクが落ちてこないから文字が書けないんですもの。「これは重力が関わっていることかな？」って考えてみるのも興味深い勉強になると思いますよ。"

◎ エレベーターに乗ったときの重力加速度の変化

地球上で、その重力がはたらき続ける自由落下（加速度０で落下する物体の運動＝等加速度直線運動）のときの加速度が、重力加速度 $9.8\,\mathrm{m/s^2}$ です。地球上にいる私たちや物体には【質量×重力加速度】の大きさの重力がはたらいています。

試しに高層ビルの最上階から１階まで直通のエレベーターの床

---

*１　インタビュー　向井千秋「地球とのコミュニケーションで知った多様な無重力の感じ方」（少し表現を修正）　https://www.kanken.or.jp/kanken/kanjitokanken/5/1.html

■図17-1　エレベーターの動きと重力

下降
下向きに加速

上向きの慣性力が生まれ
重力が小さくなる

上昇
上向きに加速

下向きの慣性力が生まれ
重力が大きくなる

に置いた体重計の上に乗って、体重計の目盛りを見てみましょう。動き始めは値が小さくなり（体がふわっと浮き[*2]）、やがて等速運転に入ると平常の値になり、1階に近づいて減速し出すと値は大きくなります（体が少し押しつけられた感じ）。

　質量は変わらないので、体重計の値が変わったのはその運動過程で重力加速度が変わったからです。**平常のときの重力加速度の値を1Gとすると、値が小さくなったときは1Gより小さく、値が大きくなったときは1Gより大きくなった**のです［図17-1］。もしエレベーターを支えるワイヤが切れたら自由落下になりますが、そのときは重力加速度が0、つまり0Gになります。

◎ 遊園地の絶叫マシンのスリルや浮遊感は加速度Gによる

　遊園地の娯楽施設の1つに、自由落下に近い速度で急降下する乗り物があります。フリーフォール（英語で「自由落下」という意味）やローラーコースター（ジェットコースター）です。

　たとえば八景島シーパラダイスの「ブルーフォール」は、高層ビル約35階、107mの高さから落下し、最高速度は125km/h、最大4Gです。これは瞬間的にいつもの重力加速度Gの4倍の

　＊2　最近のエレベーターは改良されて、動き始めにふわっとした感じがほとんどしないが、その場合は「下り始めると同時にしゃがみ込む」と感じやすくなる。

加速度がはたらくということです。

　また、たとえば富士急ハイランドの大型ローラーコースター「高飛車」（2011年設置）は、最大で4.4Gです。空を見上げた状態で地上43mまで巻き上げられたあと、落下の体勢で一時停止し、しばらく徐行運転したあとに121度の落下角度で、内側にえぐれるように落下します。この落下角度は2019年にアメリカの12.5度のものに抜かれるまで世界一でした。

　人体が生理的に耐えられるのは1〜6Gまでです。6G以上になると血液が心臓より上、とくに脳まで血が行き渡らなくなり、酸欠となります。Gが大きいと強い力で血液を足元に移動させてしまうので、心臓がそれに抵抗して十分な血液を送り出すことができなくなってしまうからです。

◎ 戦闘機の高G

　旅客機が離陸するときの、後方向のGはおよそ0.3Gから0.5G程度で、垂直方向のGは1.2Gから1.3G程度といいます。

　戦闘機では急旋回時などに3Gや5Gなどがふつうになります。戦闘機パイロットの訓練生は最初に教官と一緒に訓練すると3Gで気絶するということです。遊園地の4Gのほうは瞬間的ですが、戦闘機ではある程度長い時間高Gがかかり続けるという違いがあります。そのため、戦闘機パイロットは、遠心力発生装置で9Gに耐える訓練をします[2]。

　なお、高Gの逆のマイナスの重力加速度を生じるのがバンジージャンプです。自由落下運動をするからです。危険なのはロープが限界まで伸びたあと、伸縮をくり返すときに減速して高Gを受けることです。

＊3　人体にかかる2G程度を減らせる耐Gスーツを着用する場合もある。

18 国際宇宙ステーションは無重力ではなく無重量状態？

> 国際宇宙ステーションは「宇宙」とはいえ重力はきちんとはたらいています。それなのに、宇宙飛行士はなぜフワフワ浮いたような動きをするのでしょうか。

◎ 国際宇宙ステーションは実は近い

国際宇宙ステーション（以下 ISS [*1]）は人類がこれまでに宇宙に建設した最大の人工衛星です。太陽電池パネルを含めた大きさはサッカーコートほどもあり、3〜6人の宇宙飛行士が常駐して、科学や医学に関するさまざまな実験・観測をしながら忙しく働いています。

ところで ISS の軌道は地表約400 km の円軌道ですが、400 km といえば、東京－大阪間の直線距離くらいです [*2]。地球の半径は約 6400 km ですから、それに比べたら ISS は「地表すれすれ」を飛んでいるようなものです。重力（地球から受ける万有引力）もはたらいています。**万有引力で地球に引かれているから、人工衛星も、地球の衛星である月も飛び去ってしまわない**のです。

◎ 宇宙飛行士の感覚は「フリーフォール」と同じ

ISS からの映像を見ると、船内の宇宙飛行士たちはフワフワと浮かんで漂ったり、足をつかずに船内をスイスイ移動したりしています。これがいわゆる**無重力状態**です。ただ前述のように、実際には地球の近傍なので重力ははたらいているため、見かけ上質量がない「**無重量状態**」というのが正しい表現でしょう。ではな

[*1] International Space Station の略。
[*2] 秒速 8 km で飛ぶ ISS は、この軌道を約 90 分で一周する。

ぜこんなことが起こるのでしょうか。

　前項でも紹介したフリーフォールでは、座席もろとも自由落下している間の短時間、乗客は座席から体が浮き上がるような浮遊感を味わいます。自由落下では質量に関係なくどの物体も同じ落ち方をしますから、乗客と座席は互いに力をおよぼし合うことなく一緒に落下しています。もしまわりの景色が見えなくて、自由落下する部屋の中に閉じ込められているのだったら、落下していることに気づかない乗客は、自分の体が部屋の中で浮いているような感覚、つまり「無重量状態」を体験するでしょう。実は宇宙飛行士はあの感覚を飛行中ずっと味わっているのです。

◎ パラボリックフライトによる「無重量訓練」から宇宙へ

「無重量体験」ができるのは自由落下に限りません。物を放り投げると、物体は手から離れたあとは重力のみに身を任せて、放物線を描いて運動します。この運動も質量によらず、初速度が同じならどの物体も同じになります。乗客を部屋ごと空中に放り投げれば、乗客はその中で「無重量状態」を味わうことになります。

　宇宙飛行士の訓練で飛行機による「パラボリックフライト」を利用することがあります。直訳すれば「放物線飛行」です。中の乗客や荷物が空中に放り投げられたときにおこなう運動にぴったり追従するように、飛行機を精密に放物線に沿って操縦し、機内に見かけ上「無重量状態」の空間をつくり出します。

　この放物線軌道はそのまま進むと地面に突き当たってしまいますが、地球は丸いため、宇宙船は宇宙飛行士もろとも、重力に身を任せて、いつまでも地面に届かない落下運動をし続けていることになります[*3]。

＊3　人工衛星を打ち出す秒速 8 km という速度は、落下する軌道のカーブがちょうど地球の丸みに等しくなる速度になっている。

19 はやぶさ2を動かすイオンエンジンって何?

日本の小惑星探査機「はやぶさ2」はイオンエンジンで惑星間を航行します。従来のロケットエンジンとは原理的にまったく異なる「電気推進」という新時代の宇宙技術です。

◎ 小惑星「リュウグウ」へのタッチダウン成功!

日本の小惑星探査機「はやぶさ2」は2014年12月に地球を出発し、小惑星「リュウグウ」の探査を無事に終えて、地球への帰還の途にあります。小惑星「イトカワ」を探査した初代「はやぶさ」の改良型で、2019年に「リュウグウ」に二度のタッチダウンを成功させるなど、すでにいくつもの「世界初」を成し遂げました。月以外の天体からサンプルを持ち帰る技術は日本が世界に大きく先んじています。

◎ ロケット推進の原理

宇宙を航行する探査機は、その軌道を変更したり、速度を増減したりするのにいわゆる「化学エンジン」を使うのが一般的でした。燃料を燃やすなど化学反応を利用して高速のガスの流れをつくり出し、それを吹き出す反動で推進力を得るものです。宇宙は真空で足がかりがないので、何かを投げ出してその反動を利用するほかに運動状態を変える手段がないのです。そのために、燃料やそれを燃やすための酸素などの酸化剤も必要なだけ積んで行かなければなりません。ロケットは打ち上げ時の質量のほとんどが推進剤の質量で占められています。

* 1　本稿執筆時点2020年4月現在。「はやぶさ2」は「リュウグウ」のかけらを携えて、2020年末にオーストラリアのウーメラ砂漠に帰還予定。

このようなロケット推進の原理は、**運動量保存の法則**という物理法則に基づいています。「運動量」とは【質量×速度】で定義される量で、機体から放出する推進剤の運動量が大きいほど、反動としての推進力も大きくなります。化学エンジンの場合、吹き出すガスの速さは秒速 2.5〜4.5 km 程度です。もし、この速さをもっと向上させることができれば、より少ない推進剤の質量で同じ効果を得ることができます。しかし、化学反応を利用する限り飛躍的な向上は望めません。

◎ イオンエンジンとは何か

ここにブレイクスルーをもたらすのが「はやぶさ 2」や初代「はやぶさ」に搭載された**イオンエンジン**です。その推進剤はキセノンという物質です。高校の化学で「貴ガス（希ガス）」の一種として教わったことがあるかもしれません。化学反応をしない物質なのになぜ推進剤になるのでしょうか。

キセノンは電子レンジのような仕組みでマイクロ波によりイオン化され、プラズマという状態になります。ここに 1500 V の電圧を加えるとキセノンイオンが電気的に加速されて、秒速 30 km もの速さで後方に噴射されます。化学エンジンの噴射速度の約10倍の速さです。これにより推進剤の質量をうんと減らすことができるのです。

「はやぶさ 2」の場合、機体全体の質量 600 kg に対して、キセノンを 66 kg 搭載しています。必要量の倍くらいの余裕を見ています*²。

＊2　もし化学推進で同じ効果を得ようとすると、ぎりぎりでも約 300 kg の推進剤を積まなければならない。これでは機体の質量の約半分が推進剤で占められてしまう。

◎ 細く長く

「はやぶさ2」には同じイオンエンジンが4基搭載されており、最大3基まで同時運転できます。しかし1基で一円玉がやっと持ち上げられるくらいの力しか出せません。そんな弱い力で600 kgの機体が加速・減速できるのでしょうか。

ここでの鍵は「時間」です。宇宙は真空で邪魔者がないので、わずかな力でも効果は確実に反映されます。あとは時間をかければよいのです。イオンエンジンは何か月も連続運転ができるので、気長にじわじわと効果を積み上げて、**図19-1**のように数か月がかりで軌道や速度を変えていきます。イオンエンジンによる「電気推進」は太陽電池パネルで発電した電力がエネルギー源です。幸い宇宙に障害物はなく、太陽光エネルギーは常時手に入ります。イオンエンジンは燃費のよい究極のエコ推進技術です。

■図19-1　はやぶさ2の軌道

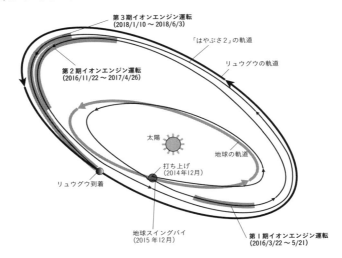

20 月面の宇宙飛行士はなぜフワフワ歩くの？

人類が初めて月面を歩いてから50年が経ちました。当時の映像を見ると、宇宙飛行士の動きがスローモーションのようにフワフワしています。これは月の重力が弱いからです。

◎ アポロ11号月面着陸から50年

1969年7月21日の昼頃（日本時間）アポロ11号のアームストロング船長は、月の「静の海」に人類初の第一歩を記しました。以来50年余りが経ちましたが、今でも地球以外の天体を歩いた人類は、アポロ11号～17号の宇宙飛行士12名だけです[1]。

当時の記録映像で印象的なのは、月面で活動する白い宇宙服姿の飛行士たちが、フワフワと月面を跳び歩く姿です。どうしてあんな動きになるのでしょうか。

◎ 月面の重力は地表の6分の1

その秘密は**重力**にあります。全ての質量を持つ物体どうしは**万有引力**という力で引き合っています。とても弱い力ですが、その大きさはそれぞれの物体の質量に比例するので、相手が地球くらいの物体（天体）になると、私たちも「体の重量」として感じるようになります。つまり、**重力とは「天体から受ける万有引力」のこと**です。月面でも月から受ける重力はあります。ただ、月は半径が地球の約4分の1、質量は地球の約80分の1と小ぶりの天体なので、その表面での重力は地表の重力の6分の1くらいになります ［図20‐1］。

---

[1]　1970年4月のアポロ13号は事故のため月面には着陸せずに帰還した。

■図20-1　月面の重力は地表の6分の1

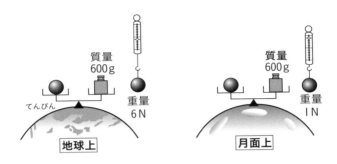

質量
600g

てんびん

重量
6N

地球上

質量
600g

重量
1N

月面上

　重力が弱いとどんなことが起こるでしょう。まず、体や荷物が軽く感じます。地表では体重 60 kgw（重量キログラム）の人が、月面では約10 kgw になります。アポロの月面活動用宇宙服の質量は生命維持装置のバックパックも含めて 82 kg もありましたが、月面での質量は 14 kgw ですから、月面の宇宙飛行士はそれほど重さを負担に感じることはありませんでした。

　重力が弱いと歩行にも影響が出ます。人間の筋力は月に行っても変わりませんから、月面でジャンプしたとすると、地表の約6倍の高さまで飛び上がることができます。滞空時間も約6倍になります。月面で歩こうとして一歩を踏み出すと、体が浮いてしまって着地までに6倍の時間がかかり、歩幅も6倍になってしまうのです。それで月面を歩く飛行士は、スローモーションのような動きになり、重い宇宙服を身にまとっているにもかかわらずフワフワ跳び歩いているように見えるわけです。

1971年7月に着陸を果たしたアポロ15号のスコット船長は、月面からの生中継映像で、岩石採集用の重いハンマーとファルコン（ハヤブサ）の羽根を両手に持ち、同じ高さから同時に落とす実験をしました。両者はスロー映像のようにゆっくりと落下し、しかも同時に月面に着きました。地表の6分の1の重力でしかも真空の環境であることを示す映像でした*2。

◎ 再び月へ

　有人月探査は大変お金がかかることから、半世紀にわたって人類は月に足を踏み入れていません。それでも最近になって再び月に注目が集まっているのは、月での資源採掘が現実味を帯びてきたからです。

　長い間、月は空気も水もない乾燥した天体と考えられてきました。しかし両極に近いクレーター内など、陽の当たらない「永久影」の領域に大量の氷の存在が有力視され、月の資源活用が期待されているのです。もしかすると早い者勝ちの争奪戦がくり広げられるかもしれません。

　月は重力が弱く、空気もないので有人活動には困難が伴います。一方でそれらの条件は、月面から比較的簡単に物資を運び出せることを意味します。重力が弱ければ宇宙船の打ち上げが少ない燃料で済むからです。

　また、月を足がかりにして火星を目指す国際宇宙基地「月軌道プラットフォームゲートウェイ*3」の計画もあります。米国は手始めに「アルテミス計画」を実行して、半世紀ぶりの有人月探査で初めて女性が月面に立つ予定です。

＊2　アポロ15号のスコット船長によるハンマーと羽根の落下実験の動画。
　　 https://upload.wikimedia.org/wikipedia/commons/e/e8/Apollo_15_feather_and_
　　 hammer_drop.ogv
＊3　月周回軌道上に建設することが提案されている有人宇宙ステーション。NASAなど
　　 がプロジェクトを主導し、2020年代の建設を目指している。

第3章
「快適生活」
にあふれる物理

21 本当の体温はどこの温度で、どうすれば測れるの？

体温は測る場所によって違います。周囲の温度や発熱などに左右されない深部体温は 37℃前後でほぼ一定ですが、ワキの下で測る体温はそれより約 1℃も低くなります。

◎ 体温とはどこの温度？

　冬の寒い日に外に出ると顔や手は冷たくなりますが、おなかの中まで冷たくなることはありません。だから、体温とは皮ふ表面の温度ではなく体の中の温度なのです。正確にいえば、脳や心臓などの大切な臓器を守るための温度のことで、**深部体温**といいます。深部体温は、環境温が変化したり病気で発熱したりしても、37℃前後の狭い温度範囲（±2℃）で調節されています。

　私たちの体内ではさまざまな化学反応が起こって生命が維持されています。化学反応は温度が高いほうが速く進んで効率がいいのですが、その化学反応に関わっている酵素*1 は 41〜42℃を超えると変性してはたらかなくなってしまいます。そのため、異常時でも 41〜42℃を超えない、できるだけ高い温度として 37℃前後で調節されているようです。

◎ どのようにして体温を測ればいい？

　本当の体温が深部体温だとわかっていても直接測ることは難しいので、通常はワキの下の温度（腋窩温）を測って体温としています。ただし、本来は腋窩温より直腸温や口腔温（舌下の温度）のほうがより深部体温を反映していて、腋窩温はもっとも深部体温

---

*1　体内の化学反応を進行させる酵素の主成分はタンパク質。タンパク質はアミノ酸などが立体的な構造をつくるが、熱によってその構造が壊れて性質が損なわれることを熱変性という。

に近い直腸温より0.8 〜 0.9℃低くなります。

◎ 平衡温を測る

水銀温度計で腋窩温を測る場合には5分以上の検温が必要ですが、正確には深部体温を測っているのではなく、体表面では比較的外気温に左右されにくい腋窩での熱平衡*2を見ているに過ぎません。

体表面と体温計が接して、温度が高い体表面から温度の低い体温計へと熱伝導が起こり、10分後には同じ温度になって、熱平衡状態になるのです。そのため、腋窩や口腔で約10分かけて実測した体温は、深部体温より低くなります。

◎ 平衡温を予測して測る

電子体温計で、ワキの下にしっかりはさんだら数十秒で体温を測れるものがあります。電子体温計の先には、温度が高くなると電気が流れやすく、温度が低くなると電気が流れにくくなるサーミスタ*3という温度センサーがついています。このサーミスタを使った電子体温計で、数十秒で体温を測れる秘密は「予測式」にあります。測り始めの体温上昇をもとに、マイクロコンピュータに内蔵された大量の体温測定データを統計的に処理することで、10分後の平衡温を予測しているのです［**図21−1**］。

◎ 赤外線量で温度を測る

おでこや耳の鼓膜に近づけて、「ピッ」とボタンを押すと最短1秒で体温を測れる体温計もあります。これは、すべての物が出している赤外線*4をセンサーで感知して温度に変換する放射温度

＊2　水銀柱の上昇が止まったとき温度計とまわりの温度が「熱平衡にある」といい、温度計の示す温度を「平衡温」とよぶ。

＊3　サーミスタは熱（Thermal）と抵抗（Resistor）の造語。

■図 21-1　平衡温を予測して測る

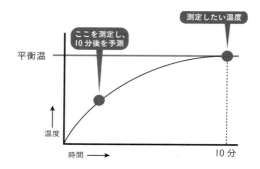

計を利用したものです。

　直接触れずに測れるので、動き回る小さな子どもの体温などが
測りやすいだけでなく、感染症の予防にも役立ちます。脳に近い
鼓膜は外気等の影響を受けにくく、深部体温に近い安定した温度
を示すそうです。

　赤外線量を利用した体温測定はほかにも、温度分布のカラー画
像で表示するサーモグラフィーがあります。昔は高価で大がかり
な装置でしたが、最近ではスマホ用の小型サーモグラフィーカメ
ラも販売されています。

　2020年現在、新型コロナウイルスの感染者流入を阻止する対策
として、空港などでサーモグラフィー監視システムが導入されて
います。感染者は38℃以上の発熱の症状が出ることがあるので、
体表面の温度が高い人（顔がマスクで隠れていても、額や首など露出し
た部分で判断する）を検出することができるからです。

＊4　赤外線とは波長が 100 〜 0.76 μm の範囲の電磁波だが、なかでも広い温度範囲を
　　計測するのに適した赤外線の波長は 8 〜 14 μm。温度によって赤外線のエネルギー
　　の大きさが違うので、赤外線のエネルギーの大きさを測定して温度を導出している。

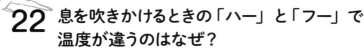

22 息を吹きかけるときの「ハー」と「フー」で温度が違うのはなぜ？

> ハーとフー。どちらの息も口から出たときは同じ程度の温度な
> はずが、手のひらに当てると大きく違います。そこには「エン
> トレインメント」という現象が関係しています。

◎「体熱」とは？

口から出る息は、大きく口を開けてゆっくりハーとする場合と口をすぼめてフーとする場合で温度が違います。なぜでしょうか。この問題を考える前に、手のひらの温度について説明します。

人間の平均体温は36〜37℃程度（通常、36.5℃）です。体熱は、摂取した食べ物から消化吸収した栄養分が各細胞で酸素と反応することによって生じます。安静時に生じる熱の大部分は内臓から発しており、骨格筋の運動によるものは25％程度です。それがたとえば、歩くなどの運動をおこなうと約80％になります。

生じた熱は血液によって全身から心臓に運ばれていき、心臓から温かい血液が全身に送り出されて皮ふ全体に届いていきます。皮ふ表面の温度は、皮ふ表面に近い毛細血管内の血液の流れが増えたり減ったりすることで上がったり下がったりします。

皮ふは空気と接しているので、熱を一番逃がしやすく、放熱の役割を果たしています。このようにして、熱の収支バランスがとられ、体温が一定に保たれています。

◎「ハー」と「フー」の違い

空気の温度（気温）が30℃だとしましょう。夏の気温ですから、

風がなければ多くの人が「暑い」と感じるはずです。このとき、私たちの皮ふの表面はどうなっているでしょうか。

　私たちの皮ふ表面には動かない空気の層がおおっていて、空気の着物を着ているような状態になっています。この空気の着物は、無風状態で4〜8mm程度の厚さですが、空気は断熱性が高いので、この層が厚いほど熱を伝えにくくなります。そのため、まわりは30℃と体温より低くても、皮ふの温度は30℃にならず、30℃よりも高い温度になっています[*1]。

　ところが、風が当たると、空気の着物は薄くなってしまいます。風が強いほど、動かない空気の層は薄くなります。

　無風のときの厚さが6mmくらいだとすると、風速1m/sでは1.5mm、10mでは0.3mmになります。扇風機で風速1〜3m/s程度くらいです。この「動かない空気の層」が薄くなるほど、気温30℃の空気で冷やされやすくなって冷たく感じるようになります。

　息の「ハー」の場合は、体温で暖められた34℃程度の息が出ていきます。「フー」の場合は、口をすぼめて息を吐き出すとき、口からの息だけではなく口のまわりの空気もたくさん巻き込んで強い風になります。巻き込んだ空気の温度が30℃なら体温より低くなります[*2]。また、扇風機と同じように空気の着物の層を薄くする効果も大きいです。

◎ 流れがまわりの流体を巻き込む現象

　流体力学に「エントレインメント」とよばれる、粘性流体の流れがまわりの流体を巻き込む現象があります[*3]。フーの場合はこの現象が効いています。

[*1] 皮ふの表面にある皮ふ温とほぼ等しい温度にまで暖められた空気の層を限界層という。

[*2] フーの場合を「熱の出入りがないとき、気体を膨張させると気体の温度は下がる」という断熱膨張で説明するのは、このときの口の内外の圧力差が小さすぎて無理がある。

　このことを簡単に実感できる実験があります。大きなポリ袋を用意して、それを吐く息でふくらませてみましょう。袋の口をすぼめてそこに口をつけて息を吹き込んだ場合、肺活量と袋の容量を考えればわかりますが、かなりの回数が必要になります。ところが、袋の口を広げ、そこに向けて唇をすぼめて息を勢いよく吹き込むと、袋はあっという間に膨らみます。細い空気の流れが、まわりの空気を巻き込んで袋の中に入っていくからです。

　この現象はふつうの羽根を回転させて空気の流れをつくる扇風機でも見られます。扇風機はまわりの空気を巻き込みながら風を送っています。

　輪の中から風が出てくる羽根のない扇風機もこの現象を利用しています。この扇風機は外部には羽根がありませんが、胴体の円柱部分の中に羽根とモーターが入っています。胴体には多くの穴が開いていて、そこから取り入れられた空気は胴体の内部を通り、モーターと羽根のはたらきで上部の輪の部分に送られます。輪の後面の内側には、１mm 程のスリット（細い隙間）が空いています。このスリットから空気が高速に噴出されます。そして、たくさんのまわりの空気を巻き込みながら風が送られるのです。

■図 22-1　羽根のない扇風機が風を送る仕組み

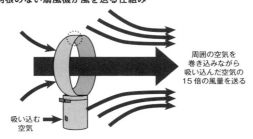

周囲の空気を
巻き込みながら
吸い込んだ空気の
15 倍の風量を送る

吸い込む
空気

＊3　このエントレインメント（entrainment）効果は、羽根のない扇風機にも応用されている。また、これは心理学関連の用語にもある。

23 物の「すわりのよさ・悪さ」って何？

地面に物が置かれているときに「すわりがよい（悪い）」といわれることがあります。これはどういう意味でしょうか。日常の何気ない言葉の中にある「力学」を考えてみましょう。

◎ 物が倒れない条件

「すわりがよい」ためには、力がつり合った状態で静止していることが大切です。**図23−1**の左図で示したように、重心Gから降ろした鉛直線がその物体を3本足がつくる「支え面」の中を通ることが条件です。さらには、右図のように、それを傾けて倒そうとしたときも倒れずにもとに戻ることも重要です。

■図 23-1

重心Gから重力のはたらく向きの方向に引いた線を重心線という。それがどこを通るかが安定性を決める。

◎ ぶら下げて安定

次に、ある支点から物体をぶら下げる場合の安定性を考えましょう。この場合も、力がつり合っていると物体は静止しているという説明は間違ってはいませんが、「すわりがよい」かどうか

には別の要素が入ってきます。**図23-2**の右図のコウモリ傘が安定なのは、抗力のはたらく支点Pから降ろした鉛直線上に重心Gがあるためです。左の写真のような懸垂型モノレール*¹もこの原理によって極めて安定しています。

■図 23-2

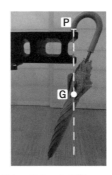

モノレール・こうもり傘それぞれつり合った状態。
点Pは抗力のはたらく支点、Gは重心。

　これらに、左右方向にわずかに力を加えると振れて重心が上がりますが、必ずもとに戻ってくるので安定であるといえます。
　このように、その物体にさらに力を加えたときに、重心が上がるか、下がるかによって、つり合った状態が保たれるかどうかが決まります。これは「位置エネルギー」という言葉を使うと、「位置エネルギーが上がる・下がる」、と表現できます。上がる場合は加えた力に対抗してもとに戻る力（復元力）がはたらくので、つり合った状態は保たれます。下がる場合は（落ちて）動き出してしまいます。これは不安定といえます*²。

＊1　ブッパータール（ドイツ）のモノレール、佐藤信之「モノレールと新交通システム」（グランプリ出版）p.14。
＊2　外的な運動によって重心の位置が変わらない場合、静的に安定と静的に不安定の間に「中立」という状況もあり得る。地面に置いた一様な球体がその例で、重心の上下方向の変動もなく転がっていく。

◎ 操作による動的な安定性

　安定か不安定かには静的な面に加えて動的な面があります。ここで、人間あるいは機械が状況を感知するセンサーを持っていて、系を動かして状態を保つという操作が可能かどうかを考えます。これを操作による動的安定性の問題といいます。この場合、安定かどうかは「安定な配置を保持できるか」というテーマです。

　図23-3のように、手のひらに30cm程度の短い棒と2m程度の長い棒を立て、それを倒さないように手のひらを動かしてみましょう。実験の前にどちらが簡単そうか聞くと、多くの人が短いほうと答えます。重心が低いほうが安定するという直感があるようです。しかし実際やってみると、短いほうはすぐに倒れてしまい、長いほうがラクに立っている状態を保持できるのです。

　棒が倒れるのは、棒の下端を中心として棒が回転を始めるためです。そこで私たちは、棒が倒れる方向へ手のひらを移動させ、棒の重心から降ろした垂線が手のひらを通るように操作します。

　人間にせよ機械にせよ、その操作の速さには限界がありますから、倒れる速さが大きいとついていけません。短い棒は倒れる時間が短いのでその限界を超えています。ところが、長い棒は倒れる時間が長いので、その限界以内に留まって、倒れないように手のひらを動かす操作が間に合うわけです。

■図23-3

手のひらに棒を立てておく実験

24 ストローでジュースが飲めるのはなぜ？

水の中では水圧がかかるように、陸上に暮らす私たちには大気圧がかかっています。天気の変化だけではなく、ストローでジュースを飲むという行為にも大いに大気圧が関係しています。

◎「人間は大気という"海"の底に住んでいる」

地表面にいる私たちはふだん気がつきませんが、大気という"海"の底に住んでいます。大気層をつくる空気の重量によって大気圧が生じています。地表面の大気圧は、およそ1013 hPa（ヘクトパスカル）です[1]。

大気圧と真空の存在を示した実験を、イタリアのトリチェリが1643年におこなっています。一端を閉じた長さ1m余りのガラス管に水銀を満たし、もう一端を指で押さえて、それを水銀の入った容器に倒立させて指を離すと、ガラス管の中の水銀は76 cmの高さまで下降して止まり、上部に空所ができました。空所には最初水銀で満たされていた何もない空間です。この空所を「トリチェリの真空」といいます [図24 - 1]。

■図 24-1　トリチェリの真空

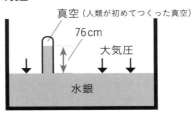

真空（人類が初めてつくった真空）

76cm

大気圧

水銀

＊1　1気圧＝1.013 × 105 N/m2 ＝1.013 × 105 Pa ＝1013hPaと計算できる。1Nは、およそ100gの物体にはたらく重力と同じ力の大きさ。そのため1気圧は1m2あたり約1トン分の重量に匹敵する。私たちの手のひらには数十kg分の重量がかかっていることになる。

それまでは、古代ギリシアの哲学者アリストテレス流の自然学の「自然は真空を嫌う」という考えが支持されていました。水をくみ上げるポンプも「真空にならないように真空が引っぱり上げている」などと説明されていました。

トリチェリは、容器の水銀面にかかる大気の重量（正しくは圧力）が水銀柱の重量とつり合ってそれを支えているのだと論じ、「人間は大気という“海”の底に住んでいる」と述べました。

1気圧は、水銀というずっしり重い金属でも76cmを支えることができます。では、1気圧で水銀の代わりに水を使ったらどうなるでしょうか。水銀の密度は水の13.6倍あるので、計算上は約10mを支えることができるはずです。こうしてポンプで約10mまでしか水をくみ上げることができないことに正しい説明が与えられたのです。

◎ ストローでジュースが飲めるのは大気圧のおかげ

私たちが飲み物をストローで飲むときには、ほっぺたに力を入れて口の中の圧力を下げています。飲み物には大気圧がかかっているので、大気圧で押されて口の中に入るのです。

では次のことを試してみましょう。

ストローを2本口にくわえて、1本はコップの中のジュースに、もう1本はコップの外に出してそのままにします。これでコップの中のジュースを飲めるでしょうか。コップの外に出ているストローがあると、いくらストローを吸っても口の中は大気圧と同じ状態です。それではジュースに大気圧がかかっていても、口の中も大気圧と同じなので動きません。**口の中が大気圧より小さな圧力にできないと飲むことができない**というわけです。

＊2　筆者は大気圧でドラム缶をつぶす実験を何度もやっている。数cm水を入れて栓を開けたドラム缶を下から加熱して沸騰させ、中の空気が水蒸気で置き換わったころに加熱を止めて栓をする。しばらくすると大きな音を立ててドラム缶は凹む。

25 なぜ圧力鍋は調理時間を短縮できるの？

最近、電気炊飯器のように火加減を調節する必要のない電気圧力鍋が時短調理の手間いらずグッズとして注目されています。圧力をかけると高温調理が可能になります。

◎ 圧力鍋は高温調理器具

　圧力鍋は、加熱して出てきた水蒸気を中に閉じ込め、鍋の内部の圧力を上げます。圧力鍋には、圧力がかかるように蓋を密閉してロックする仕組みと、危険な圧力のかかり過ぎを避けるため、水蒸気を逃す安全弁がついています。

　内部の圧力が約1.7～2気圧になると、115～120℃の高温での調理が可能になり、食品への加熱時間が半分から3分の1程度で済みます［図25-1］。火の通りにくい大きな塊の肉や骨付き肉、牛すじ、玄米、豆類などを、ふつうの鍋にくらべ短時間で煮炊きすることができます。また、小魚を煮ると骨がそのまま食べられ

■図25-1　ふつうの鍋と圧力鍋の違い

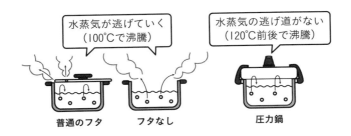

るほど柔らかくなります。蒸し料理も短時間で済ませることができます。

◎ 圧力をかけると高温になる理由

ふつうの鍋で調理すると、中の水分は100℃以上にはなりません。100℃になると、水は沸騰して水蒸気になってしまうからです。鍋の外には大気圧として1013 hPaの圧力がかかっています。鍋の中が水蒸気でいっぱいになって瞬間的に大気圧以上の圧力になると、水蒸気は鍋の蓋をカタカタといわせて外へと飛び出していきます。ところが、圧力鍋ではガッチリと蓋をして水蒸気を外に逃がしません。

一定の温度と体積で、密閉空間に含まれる水蒸気の量には限度があります。これ以上は無理という限度を飽和水蒸気圧で表し、

■図25-2　温度によって飽和水蒸気圧は変化する

飽和水蒸気圧（hPa）

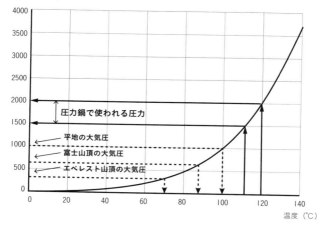

温度にのみ依存します。

　もし鍋の中の水に1013 hPaの圧力がかかっていて、水の内部に小さな水蒸気の泡ができたとしましょう。その泡の中の水蒸気の飽和水蒸気圧が1013 hPaと同じならば泡は押しつぶされないで泡ができる、つまり沸騰できます。1013 hPaの飽和水蒸気圧は水の温度が100℃のときです。だから水の沸点は100℃なのです。

　密閉した鍋の中で、水蒸気の圧力が上がると沸点は上昇していきます。**図25－2**のグラフは「縦軸の値＝液体の外側の圧力（ふつうは大気圧）」から「横軸の値＝その気圧になったときの水の沸点」を示していると読むこともできます。

◎ 高地では、圧力鍋が必需品

　標高が高くなると、空気は次第に薄くなり、大気圧も小さくなっていきます。密閉した袋をふもとから高山に持って上がると、袋がぱんぱんになります。密閉した袋の中の気圧は約1000 hPaのままでも、高山ではまわりの気圧がずっと小さくなります。たとえば、富士山（3776 m）の山頂では約638 hPaです。そのため袋の中の空気はふくらんでしまうのです。

　大気圧が小さくなると水が沸騰する温度は下がります。富士山頂では約87℃、エベレスト山頂では約71℃です（**図25－2**）。

　そこで、3000 mを超える山地に暮らす人たちは、料理に圧力鍋を使います。ふつうの鍋だと生煮えになってしまうからです。

◎ 圧力鍋を使うときの注意

　従来の圧力鍋では、圧力を安全弁の状態から判断して火加減を調節するため、放置はできませんでした。電気圧力鍋では、プロ

グラムが用意されていて放置できる点で、手間いらずです。

しかし、圧力調理時にはふだんより高い圧力がかかる点は同じです。圧力調理中に蓋が外れると、蓋が飛んだり、熱い水蒸気や煮汁が吹き出したりして事故が起きるかもしれません。また水分が少なすぎると、水蒸気が不足して圧力はかかりません。ですから、煮物や蒸し物は得意でも、炒め物や揚げ物はできません。また、水蒸気が充満して圧力を生むためには空間が必要なので、規程の量を超えて食品や水分を入れてはいけません [**図25-3**]。

■図25-3　圧力鍋に適した料理・適さない料理

圧力鍋に適した料理	種類	例
	ブロック肉を使うもの	豚の角煮、チャーシュー
	根菜類を使うもの	豚汁、ブリ大根
	豆を使うもの	五目豆、赤飯
	スープの多いもの	シチュー、カレー
	その他	ふかし芋、骨まで食べたい魚など

圧力鍋に適さない料理	種類	例
	歯ごたえを楽しむもの	きんぴらごぼう、葉物野菜
	炒めご飯	チャーハン、バターライス
	麺類	パスタ
	揚げ物	天ぷら

◎ 滅菌用のオートクレーブは圧力鍋の上位バージョン

オートクレーブ（高圧蒸気滅菌器）は、医療施設や生物の実験室などで使われる滅菌装置です。圧力を上げて水の沸点を上げるという意味では圧力鍋と同じです。調理用圧力鍋よりも高圧の約3000 hPaにできる装置では、10分程度の短時間で滅菌することが可能です*1。

＊1　調理用の圧力鍋で蓋を開けた後は、食品を長時間放置すれば腐敗の原因になるので、注意が必要。

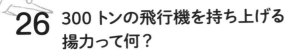

26 300トンの飛行機を持ち上げる 揚力って何？

大型旅客機は500人もの人と荷物を乗せて、300t（トン）もの質量になります。それが世界中の空を自由に飛んでいる秘密は、翼で生じる揚力（ようりょく）にあります。

◎ スーパー台風を超える風の力

　非常に強力な台風「スーパー台風」では70m/s近くの風が吹きます。このような風では鉄塔も曲がり、大きな樹木や木造の家屋も倒れ、多くの物が飛ばされます。強い風＝「速い空気の流れ」で大きな力が生じることは想像できます。総質量300tにもなる大型旅客機は、上空約1万mをほぼ水平飛行するときには、約250m/s（900km/h）でほぼ等速で飛行しています。たとえ無風の中を飛んでいても、飛行機から見れば、空気は前から後ろへと流れていきます。大型旅客機が高速で飛行すると、スーパー台風を超える暴風が主翼に当たって、重量を支え持ち上げる大きな揚力を発生するのです。**揚力は飛行機にはたらく重力とつり合って、落下せずに飛行するのに必要な力**です ［図26-1］。

■図26-1

上空で水平飛行時の飛行機に
はたらく力はつり合っている

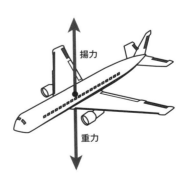

揚力

重力

◎ 揚力が生まれるには？

ライト兄弟が1903年に人類初の有人動力飛行に成功して、実現した飛行機について、さまざまな研究や開発が重ねられました。飛行機には大小さまざまな形がありますが、飛ぶためには翼が必要です。翼は極端な話、平らな板でもいいのですが、空気中を進んでいくときに翼が進行方向に対して斜め上向きの角度（迎え角）を持つと揚力が生じるのです。迎え角があると風（空気の流れ）は下向きに向きを変えられます。その反作用で翼は上向きの力を受けます。これが揚力です。

■図26-2　翼の迎え角と空気の流れるようすと揚力

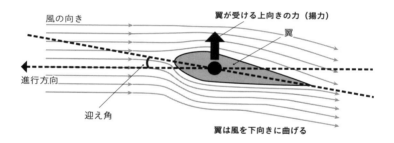

◎ 揚力を大きくするには？

迎え角は大きいほど揚力も大きくなるのですが、迎え角が大き過ぎると空気の流れが翼の後ろで大きく乱れ、失速する原因になります。翼の機体への取りつけの角度は、どんなときも揚力を得られるように工夫されています。たとえばジャンボ機「ボーイン

グ747」の翼の機体への取りつけ角度は、前方に向かって約2度上に向けられています。

　また空気の流れの速度が速く、翼の面積が大きいほど、翼にはたらく揚力も大きくなります。ただ、揚力を大きくするために翼の面積を大きくすると、機体は重くなり翼の強度も必要になります。空気の流れの速度を大きくするには、速い速度で飛行するためのジェットエンジンやプロペラなどが使われます。

　さらに翼の形についても、揚力を上げ、失速を防ぐような努力が続けられています。

◎ 緊張の離着陸

　航空機の事故は8割が離着陸時に集中しているといわれています[*1]。離着陸時は速度が遅く、揚力も低くなります。自然に吹く風が急変すると重量のあるジェット機は揚力が急変し、事故に結びつく可能性があるのです。

　離着陸時に効率的に揚力を得る最適な風向きは向かい風です。たとえば、離陸時に大型機は、3000 mほどの滑走路を加速しながら走り、100 m/sを超えたところで揚力が300 t分を超えて機体が浮き上がります。向かい風が吹けば、翼に対する空気の流速は大きくなるので、滑走距離は短くなります。

　大型旅客機の姿勢を見ると、離陸のときはもちろん機首を上げますが、着陸のときもほんのわずかに機首を上げています。遅い速度でも翼の迎え角を大きくして揚力を得るためです。離着陸時は、翼も後方にフラップを伸ばして下げ、翼面積を大きくすると同時に翼の反りも大きくして揚力を大きくするようにしています。

＊1　民間の航空安全ネット（Aviation safety net）の調査によると、世界で定期航空便に乗って死亡事故に遭うのは10万フライトにつき約0.3件と非常に低確率。

27 光を使ったデータ通信が速いのはなぜ？

近年のインターネット通信には光ファイバーが用いられ、電気信号による通信に比べて 1000 倍以上も高速に通信できるようになりました。

◎ 2進法がデジタル通信の基本

5という数字を人に伝えたいとき、私たちは声に出して伝えたり、文字に書いたり、あるいは手の形（伸ばしたままの指の本数）で示したりと、実にさまざまな方法を使っています。しかし、デジタル通信には聴覚も視覚もなければ、手もありませんので、これらの方法は使えません。デジタル通信に使えるのは ON と OFF の2つの情報だけです。そこで、インターネットに限らず、デジタル通信では ON を1、OFF を0として、この2つの数字だけを使う**2進法**が使われています。

たとえば、5という数字を送りたいとしても、5を「4×1＋2×0＋1×1」に分解して、「101」という情報に変換しなければなりません[*1]。

電気信号を使ったデジタル通信では、電気が流れている状態が1、流れていない状態が0とすれば ON と OFF を切り替えられます。同様に光ファイバーだと、光が点いている状態が1、点いていない状態が0になります。データを多量に送るためには、この1と0の情報ができるだけ速く・多量に伝わることがポイントとなります。

[*1]　2進数で表した0または1の数字1つを「1 bit（ビット）」とよび、8 bit 分を1 byte（バイト）とよぶ。1か月3 Gbyte（ギガバイト）の通信では約 240 億個分の1と0の通信をしている。

◎「通信が速い」ポイントは「切り替えの速さ」

　光は1秒の間に地球を7回半も回るスピードを持っています。しかし、これが電気信号を使った通信よりも1000倍も速い理由ではありません。実は、電気信号が伝わる速さもかなり速く、光は電気信号の数倍程度でしかありません。単に信号が伝わる速さだけが影響しているとするなら、通信の速さも数倍程度にしかなりません。

　光を使った通信が速い理由の1つは、光信号は電気信号よりも1と0の切り替えが高速にできるからです。この1と0の切り替えの速さは周波数で表現されます。**光の点滅の周波数は、電気信号の100倍以上**です*2。

◎ 光を散らばらせない工夫

　光による通信は、1880年にアレキサンダー・グラハム・ベル（電話を発明）によって初めて成功しました。しかし、光を遠くまで正確に送り届ける技術がなく、すぐには実用されませんでした。

　ライトを照らしたとき、ライトからすぐそばにあるものはとても明るく照らせますが、遠くのものはぼんやりとしか照らせません。このように、ふつうの光には拡散していく性質があります[図27-1]。この問題を解決するために、レーザー光を使います。レーザー光はライトのように広がっていくことなくまっすぐ進みます。どこまでもまっすぐに進むことから、アポロ計画で月面に残してきた新聞紙大の反射鏡にカリフォルニアの天文台からレーザーを当てると、ちゃんと戻ってきて、月と地球との距離を測ることができます。

　しかし、そんなレーザー光でも障害物を通り抜けて伝わること

---

　*2　電気信号の切り替えには 10^{-9} ～ 10^{-11} 秒、光の点滅には 10^{-12} ～ 10^{-14} 秒程度の時間がかかる。

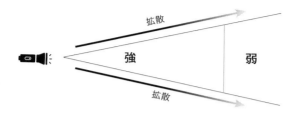

拡散

強　　　　　弱

拡散

■図 27-2　光ファイバーの全反射

屈折（全反射）

強　　　　　　　強

屈折（全反射）

はできません。この問題を解決したのが光ファイバーです。

　光はどんな物質の中を通るかによって、進む速さが違います。光の進みにくさを屈折率といい、光が屈折率の大きい物質から小さい物質へ進むとき、その角度によって、光は鏡にぶつかったかのように全部反射するようになります。これを**全反射**といいます。

　光ファイバーでは、光が通る中心部に屈折率の大きいガラスなどの素材を、その外周部に屈折率の小さい素材を使うことで、光信号が中心部を全反射しながら進んでいくようにする工夫がなされています［**図27 - 2**］。これが、光による通信が速い２つめの理由です。

第4章
「電気と家電」
にあふれる物理

28 冷蔵庫が冷える仕組みはどうなっている?

> 私たちの生活に欠かせない家電製品の1つが冷蔵庫でしょう。
> 3千年以上前から使われる「気化熱を奪う」原理を応用していて、
> エアコンの次に電力を消費するともいわれる製品です。

◎ 物を冷やすレトロ技術

外部からエネルギーを投入しないのに、かなりの低温にできる技術があります。それが古代エジプト・インド時代から伝わる、水が蒸発するときにまわりから**気化熱**（蒸発熱）を奪うことを利用して内部を冷やす素焼きの壺です。素焼きの壺は多孔性で、器の壁面を通して絶えず水がしみ出し、それが蒸発していきます。

こうした冷却法は、3千年以上も前のエジプトの寺院の壁画に描かれています。奴隷が大きな貯蔵壺を大きなうちわであおいでいる絵です。

◎ 冷蔵庫は氷箱だった

今、電気冷蔵庫は家庭に当たり前のように存在していますが、電気冷蔵庫と氷冷蔵庫とが一般家庭に入り始めたのは1950年代半ばでした。最初に主流だったのが氷冷蔵庫です [**図28-1**]。

氷冷蔵庫は木製の2ドアで、上部に氷のかたまりを入れ、下部の食品を氷からの冷たい空気で冷やす仕組みです。ドアなどにはコルクなどの断熱材を入れてありました。庫内の温度は15℃前後で、10℃以下に冷やすのは難しいものでした。

筆者は、1960年代初頭から東京で過ごし氷冷蔵庫を使ってい

て、近くの商店街には氷屋さんがありました。氷冷蔵庫は1960年代まで使用されました。しかし1970年代半ば頃になると、電気冷蔵庫が急速に普及し、1978年には普及率99％に達しました。

■図28-1 氷冷蔵庫

◎ 1950年代半ば頃から一般家庭に電気冷蔵庫が入り始めた

氷冷蔵庫では、氷が融けたら、氷を氷屋さんから購入して入れなければならないし、庫内温度もそれほど低くなりませんでした。一方で電気冷蔵庫は、氷を取り替えるなどの手間がなく、より低い温度で冷蔵できるし、冷凍食品を保存できたり、氷をつくれたりして大変便利です。

電気冷蔵庫は家電製品の中でも歴史が古く、江戸時代のときに米国で発明されています。わが国でも1930年には国内生産が始まっていました。それは1台で家が一軒建つほどの値段で、一般家庭には縁遠いものでした。

電気冷蔵庫が家庭の必需品になっていったのは、1950年代半ば頃からのことでした[*1]。

◎ 電気冷蔵庫が冷える仕組み

液体の水に熱を加えると気体の水蒸気になります（気化する）。逆に気体の水蒸気が液体の水になる（凝縮する）ときは、まわりに熱を出します。また気体を圧縮すると温度が上がり（断熱圧縮）、

[*1] 当時、天皇家に伝来する「三種の神器」（鏡・玉・剣）になぞらえて、白黒テレビ・洗濯機・冷蔵庫の家電3品目が『三種の神器』とよばれた。この3品目は、一生懸命に働けば手が届く商品であり、新しい生活の象徴ともいえるものだった。

膨張すると温度が下がります（断熱膨張）が、冷蔵庫ではこれらの現象も利用しています。

　電気冷蔵庫では、液体の水や蒸気の代わりに、常温では気体ですが、圧力を加えると液体になったりして、液体 ↔ 気体の状態変化がしやすい物質を使っています。その物質を**冷媒**といいます。かつては、フロンを使っていましたが、オゾン層破壊の原因ガスであり、地球温暖化を起こす温室効果ガスということで、今はイソブタンやシクロペンタンなどの炭化水素を使っています。

　冷蔵庫は、液体の冷媒が冷蔵庫の中の熱を奪って気体になるときに庫内を冷やします。さらに、圧縮機で液体になるときの熱を庫外に出しています［図28 - 2]。

　冷蔵庫は家電製品の中でエアコンの次に電力を消費します。現在の冷蔵庫は、1990年代に登場したインバーター方式で圧縮機のパワーをコントロールしています。それ以前は、圧縮機のモーターを回す電圧を変えられなかったのですが、インバーター方式では、いったん交流を直流に変えてからモーターを回す電圧を変えることができるので、必要に応じてモーターの回転数を変えることができ、それ以前のものより省電力化が進んでいます。

■図 28-2　冷蔵庫が冷える仕組み

液体の冷媒が庫内の熱を
奪って気化する
（このとき庫内は冷やされる）

↑↓

気体になった冷媒は
圧縮機で高温になり放熱する
（このとき冷媒は液体になる）

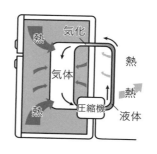

29 なぜ電子レンジは温めるときに回転させるの?

> 電磁波（マイクロ波）による水の振る舞いを考え、従来の調理法との違いを考えかしこく使いましょう。温まり方にムラが出やすいことも注意すべきです。

◎ レーダーの発信器が家電に転用された

電子レンジとは、マイクロ波という電磁波（電波）を使って食品に含まれている水分子を刺激して加熱する調理器です。

電磁波が真空を伝わる速さは1秒間に30万kmです。これを**光速**といいます。波が1秒間あたりに振動する回数を**振動数**といってHz（ヘルツ）で表します[*1]。電磁波は、振動数にかかわらず光速です。また波が1回の振動で進む距離を**波長**といい、【光速÷振動数】で表われます。

電子レンジでは、振動数が2.45 GHzで波長12 cmの電磁波が発信されて使われています。ここでＧは10億（つまり10^9）を示します。したがって、振動は1秒間に**24億5千万回**です。これは、1回の振動が408ピコ秒（ピコとは1兆秒の1、つまり10^{-12}）であることを示しています。

電子レンジでは、マグネトロンとよばれる発信器でこの「振動数」の電磁波を発生させています。これはレーダーの開発のために考案されたもので、その技術を流用したものともいえます。

◎ 電磁波のエネルギーが熱になる

ここで、電磁波で食物が温まる原理を考えます。簡単にいうと

[*1] 振動を1回するのに必要な時間を「周期」という。「周期」は「振動数」の逆数である。

図29−1に描いたように「水分子が電磁波で揺さぶられて温まる」ということですが、その本質は奥深いものがあります。

水分子は H_2O すなわち、1個の酸素原子と2個の水素原子が結合しています。酸素部分がマイナスの電気（電荷）を、水素部分がプラスの電気（電荷）を帯びています。電磁波は電気的な振動なので、そのような電荷のかたよりを強めたり弱めたりします。それが酸素原子に対する水素原子の位置を動かします。これを分子の「回転」と見ることもでき、これが熱になる起源です。

■図 29-1　電子レンジの仕組み（イメージ）

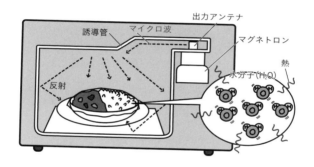

◎ 水の持つ特異性

ところがこれが熱に変わる過程は、水分子1個だけでは実験をうまく説明できないのです。図29−2に描いたように、液体である水は分子と分子が強い相互作用をしつつ、運動をしています。その相互作用は、水素原子が隣の酸素原子に移ることで生まれています。ですから、電磁波によって動かされるようすは「1つの

■図 29-2

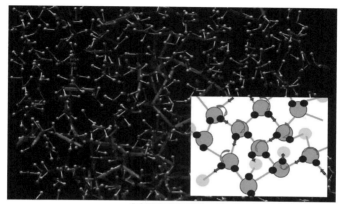

作成者の許可を得て掲載。　https://www.ims.ac.jp/public/vlibrary.html

液体である水における水分子のようす。計算機によるシミュレーションの結果である。
水分子は真ん中に酸素原子、両端に水素原子を持つ「く」の字型をしている。その水
分子が集団として、激しく動きながらも、水素分子をやりとりする相互作用をしている。
右下挿入図は、分子の「回転」の挙動（丸い矢印）と水素原子（黒玉）の飛び移りの
振る舞い（まっすぐな矢印）を模式的に描いてある。

分子の内部での運動」というより、数個の分子集団において水素
原子が位置を変えることで、H_2O の「つじつま合わせ」をして
いると考えるほうが実情に合っています。

　このようすを**図29－2**の右下挿入図に描きました。水分子が
「回転」しようとしても、分子間を動く水素原子のはたらきで妨
げられてしまうのです。

　このあたりの「つじつま合わせ」には時間がかかり[*2]、もたも
たしてしまうわけです。これによって、電磁波のエネルギーが、
分子集団の不規則な運動に変わってしまいます。これが電磁波の

　＊2　このつじつま合わせに要する時間は平均として 40 ピコ秒程度であり、電磁波の周
　　　期より短いが、なかにはついていけない部分があって、それが熱の発生を促してい
　　　る。

エネルギーが「熱に変わった」現象の実態です。

◎ 波であることのムラ

　レンジの中でこの波長12 cmというのは微妙な値です。波の腹（振幅の大きな点）と節（振幅ゼロの点）が4分の1波長の3 cm間隔でできていることになります。振幅の大きさによって温まり方が違います。そのため、大きさ（長さ）が数 cmの食品では、どうしても温まり方にムラができてしまいます。これを避けるように、食べ物を乗せる台を回転させています[*3]。

　しかし完全にムラをなくすことは難しいので、冷凍食品などには温度のムラができやすいのも事実です。ムラによって細菌の繁殖しやすい「生温かい」領域ができることで、傷みやすくなるわけです。電子レンジで温めた冷凍食品は早めにいただきましょう。

◎ 蒸す、茹でる、煮る

　食物をレンジで温めることは、従来の「蒸す」という調理に近いですが、電子レンジの場合は食料自体に含まれている水を使っているという点が違います。さらに、「茹でる」「煮る」という調理の要素が加わってきます。

　これをかしこく活かして、硬い素材を柔らかくしても栄養分を水で失われにくい特徴を活用した料理を工夫するとよいでしょう。たとえば、キャベツの芯、カボチャの皮、ロマネスコの芯などを使った美味しいメニューが考えられそうです。

　また、冷凍食品の解凍に使われることも多いですが、解凍のあとそのまま食べるか、どのような料理の素材として使うかを考えて、どこで止めるか（動作時間）を決めるべきでしょう。

＊3　マイクロ波の出口に金属板のプロペラをおいて波自体をかきまわすようにし、皿を
　　回転させないタイプもある。

30 エコな給湯器はどうやって お湯を沸かしているの?

大気の熱を使ってお湯を沸かすエコな技術が開発されました。
それまで使われていたフロンがオゾンホールの原因であること
がわかり、使えなくなったからでした。

◎ エコな給湯器のシステムは冷蔵庫と同じ

お湯を沸かす給湯器をつくるためには、水に熱を与えなければ
なりません。冷たいものに熱を与えるためには熱をつくり出すか、
熱をどこかからか持ってくる必要があります。人工的に熱を動か
すシステムに、**ヒートポンプ**があります [図30-1]。

■図30-1 ヒートポンプ

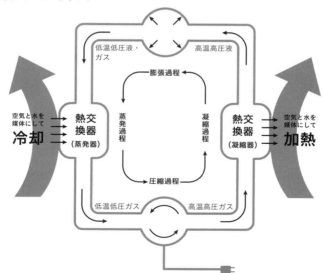

このシステムの中では冷媒が動くことで熱を伝えてくれます。

　気体は冷やせば液体になり、液体を温めれば気体になります。また、冷たいものと暖かいものが近くにあると、暖かいものから冷たいものに熱が伝わります。これらの原理を利用して、空気中や地中にある熱を液体になっている冷媒に伝えます。すると、冷媒が温められて気体になります。この冷媒が受け取った熱を水を温めるために使います。

　しかし、このままでは外の温度と同程度までにしか温まっていないので、お湯をつくり出すまでにはなりません。そこで、もう1つ工夫が必要になります。

　気体では、圧力と体積の積は、絶対温度[1]に比例する、というボイルの法則が成り立ちます。つまり、同じ体積でも、圧力を上げれば温度も上がり、圧力を下げれば温度も下がる、という現象が起こるのです。そこで、先ほど空気中の熱によって温められた冷媒を圧縮することでさらに高温にして、お湯をつくることができるほどの熱を生み出すというわけです。

　一般的な給湯器では、電気やガスを使って直接熱をつくり出して水を温めますが、ヒートポンプを活用することで、使用する電気やガスを3分の1程度に減らすことができます。もちろん、外の気温が高いときのほうが冷媒によく熱が伝わるので、より効率が高くなります。

　このヒートポンプは、給湯器や暖房のような「温める」ときだけではなく、冷蔵庫のように「冷やす」ときにも使うことができます。冷蔵庫では庫内の熱を吸収して外へ放出することが目的なので、冷媒を膨張させて温度を下げることで液体状の冷媒をつくり出します。

＊１　絶対温度は摂氏温度（℃）に273度を加えたもの。通常、Tで表す。個々の物質の特性によらず、熱力学の法則から理論的に定められた温度のこと。

◎ 二酸化炭素を冷媒に

　昔の冷蔵庫やエアコンでは、冷媒にフロンガスが使われていました。ヒートポンプでは圧力の上げ下げが必要になりますが、フロンの場合には10気圧程度でよく、しかも不燃性で化学的に安定なので、理想的な物質だったのです。しかし、フロンガスはオゾン層を破壊することが明らかになり、使えなくなりました。

　そこで、自動車用のエアコンからフロンガスをなくす対応をしていた研究者たちは、二酸化炭素に注目しました。二酸化炭素は、地球温暖化への影響がフロンの8100分の1であるうえ、オゾン層にダメージを与えることはありません。二酸化炭素も不燃性です。つまり、万一漏れてもフロンよりも圧倒的に安全性が高いのです。しかも、工場などから出てくる二酸化炭素を利用しているので、とても環境にやさしいといえるでしょう。

◎ 超臨界流体にして使う

　フロンを二酸化炭素に変えるときの大きな問題点は、必要となる圧力にありました。二酸化炭素は簡単には液体になりません。100気圧もの圧力を使って、超臨界という状態をつくり出します。超臨界とは、液体と気体の区別がつかない状態といわれ、熱交換の効率がとても高いことで知られています[*2]。

　1気圧は$1\,cm^2$に$1\,kg$の重りを乗せた状態に相当します。小指の爪がだいたい$1\,cm^2$程度ですから、100気圧もの圧力をつくることは相当困難なことが想像できるでしょう。

　そこで、自動車用エアコンの開発をしていた研究者たちは、装置をまとめて置けない自動車用エアコンではなく、1か所にまとめられる給湯器としての開発をすすめ、実用化したのです。

---

　*2　超臨界流体の二酸化炭素は、化学反応を起こしにくく毒性がない、燃えない、物質を溶かしたあとに常温常圧にすると気体になってなくなる、もともとの材料の二酸化炭素が比較的安く手に入るといった特徴がある。こうしたことから、金属表面のめっき加工や医薬品、化粧品の製造などにも活用されている。

31 電磁調理器（IH）で土鍋が使えるのはなぜ？

以前は鉄鍋しか使えなかったIHヒーターも、使える鍋の種類が増えました。「なぜ鍋が温まるのか」という仕組みにまで立ち返って、その進化の理由を考えてみましょう。

◎ 台所における「火」の革命

従来、鍋を温めるには外部に「火」や「高熱部分」をつくり、その熱を鍋に伝えてきました。その伝統的方法を破ったのが電磁調理器（IHヒーター）です[*1]。 **図31-1**のように、鍋の底に接するところにあるコイルに電流を流し、それによって発生する磁場のはたらきを使っています。これを **電磁誘導** といいます。

■図31-1 IHヒーターの仕組み

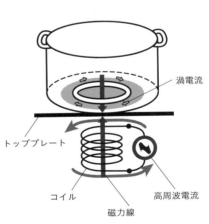

鍋を乗せるトッププレートの下にコイルがある。そこへ交流電流（高周波電流）をかけている。

渦電流

トッププレート

コイル

磁力線

高周波電流

＊1 IHとは Induction Heating（電磁誘導加熱）の略。

■図31-2　電磁誘導の原理

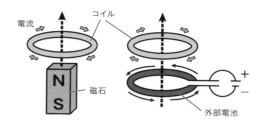

電流

コイル

磁石

N
S

外部電池

＋
－

◎ 電磁誘導は魔法のよう？

「電磁誘導」は決して難しくありません。中学2年の理科に出て
きます。**図31-2**のように、上部の金属の円環に磁石を近づけた
り遠ざけたり、電磁石に電流を流したり切ったりすると電流が発
生します。磁場が変化することが重要です。この電磁誘導は空間
的に離れているにもかかわらず、磁場を表す「磁力線」によって
金属円環に電流が流れる現象として説明されています。IHヒー
ターでは、磁場変化を受けるコイルの代わりに鍋の金属があるわ
けです。金属板に発生する電流は、必ずしも円形とはいえません
が、イメージとして「渦電流」とよばれています。この渦電流が
金属内の電気抵抗によってジュール熱を発生し、鍋が熱くなりま
す。

◎ 透磁性も重要、ステンレスは使える？

　電磁誘導による渦電流は、鍋の金属が磁場を通して強めるよう
な性質を持っていると有効にはたらきます。この性質を「透磁性」

といいます。他方、この透磁性は磁石につく性質を示すので、磁石につきやすい金属を使っている鍋がよいことになります。鉄はその代表的なものです。鉄を含んだ合金であるステンレスの場合、透磁性は弱まっていますので不利になります。ただし、電気抵抗は大きくなるため発熱が促進される面もあって、複雑です。実際、ステンレス鍋では、種類によってIHヒーターに使えるものとそうでないものがあります。表示をきちんと確かめましょう。

◎ 銅、アルミの場合

　銅とか、アルミの鍋は磁場を強める傾向はなく、電気抵抗が小さいので、かつては、「IHヒーターには使えない」といわれてきました。ところが、現在では、使う周波数を高くして使えるようになってきました[*2]。

　周波数を高くすると「表皮効果」といって変化する磁場は金属の内部になかなか入れなくなります。その代わり、表面付近に多くの磁場が集中して激しく変化することになります。それが結果として鍋をうまく温めます。このようにして、周波数を上げたタイプのIHヒーターによって、使える鍋の種類が増えたのです。

◎ 土鍋はどうなの？

　最近では、IHヒーター対応の土鍋も製品になっています。もちろん純粋な土鍋では金属部分がありませんから無理です。そこで、銀の薄膜を張りつけてその部分を加熱するようにしています。銀ではなく鉄のほうが効率のよいものが作れそうですが、土鍋の材質にしっかりくっついて、熱くなった際に土鍋を壊さないという条件を満たしにくいようです。

[*2]　現在では毎秒6万回の振動を与えている。

32 LED照明の電気代が安いのはなぜ？

> 日本は政府レベルの新成長戦略で、水銀をまったく使わない
> LEDを次世代照明として推進しています。LEDが発光する仕組
> みや特徴、そして課題とは何でしょうか。

◎ 蛍光灯内では電子と原子がぶつかっている

　蛍光灯の中には水銀ガスが入っています[*1]。電極から放出された電子が水銀分子と衝突すると、そのエネルギーにより電離（イオン化）が起こります。イオン化した水銀には電子が戻ってきます。これを脱イオン化といい、この瞬間に紫外線を発します。しかし、人間の目に見えない紫外線のままでは照明として利用できないので、紫外線をガラス管の内側に塗った蛍光物質に当てて可視光線に変換します。蛍光灯が白いのは内側に蛍光物質が塗られているからです［図32-1］。

■図 32-1　蛍光灯が発光する仕組み

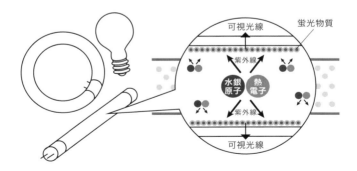

＊1　国際的に有毒な水銀使用を制限する「水俣条約」によって、2020年12月31日以降は高圧水銀ランプの製造・輸出入が禁止される。しかし、国内で市販される蛍光灯は水銀含有量の基準をクリアしているため、その規制を受けない。

◎ LED の仕組み

LED[*2]は、－の電子が多い N 型と、電子が不足して＋の正孔（ホール）があいた P 型という、2 つの半導体を合わせて電流を直接光に変換します。両者の間には障壁がありますが、電池をつないである一定以上の電圧を加えると障壁がなくなって、電子がホールに落ち込み（結合）、エネルギーが放出されて発光します [図32-2]。さらに、電池は減ってしまった－と＋の電荷を補給します。

■図 32-2　LED が発光する仕組み

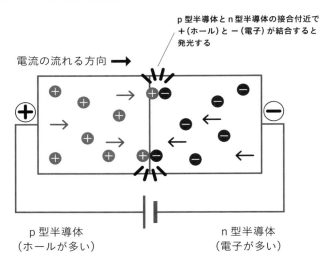

p 型半導体と n 型半導体の接合付近で
＋(ホール) と －(電子) が結合すると
発光する

電流の流れる方向 ➡

p 型半導体
（ホールが多い）

n 型半導体
（電子が多い）

＊2　発光ダイオード：Light Emitting Diode の略。
＊3　青色 LED の実用化に貢献した赤﨑勇氏、天野浩氏、中村修二氏は 2014 年にノーベル物理学賞を受賞。青色 LED の技術は白色光の実現だけなく、青紫色レーザーを用いたブルーレイディスクの大容量化（CD 35 枚分、DVD 5 枚分）を実現した。

LEDの発光色は半導体の素材（元素）によって異なります。たとえば、赤色はアルミニウムやガリウム、ヒ素、黄色はアルミニウムやインジウム、青色[*3]はインジウムや窒化ガリウムなどの結晶を半導体として使用しています。

白色をつくる方法は2つあります。1つめは、光の3原色（赤・緑・青＝RGB）を組み合わせて白色にするマルチチップ法です。この方法では各色のチップに電源回路をつけて発色や配色のバランスをとらなければなりません。そこで、2つめの青色LEDを黄色の蛍光体に照射して白色光をつくるワンチップ法が開発されました。

さらに最近では、クルムス蛍光体[*4]と紫色LEDの光を組み合わせて白色をつくる方法が開発され、従来のLEDの弱点だったまぶしさを10分の1に減らしました。さらに照射範囲も広くて優しい白色光をつくり出せるので、屋内の照明用だけでなく、自動車のヘッドライトや映画撮影用の照明などにも採用されています。

◎ 寿命が長い

LED照明の定格寿命[*5]は約4万時間です。これは蛍光灯の約4〜6倍、白熱電球の20〜40倍の寿命です。それぞれを毎日10時間使ったとしたら、白熱電球は3〜6か月、蛍光灯は約3年、LEDは約11年もちます。LED照明を使えば電球を交換する頻度が大幅に減らせます。

◎ 発光効率と電気代

LEDは発光効率が高いので、白熱電球や蛍光灯と同じ明るさ

*4　クルムス蛍光体は、小糸製作所が東京工業大学や名古屋大学との共同研究で開発した「紫色光を90％以上黄色光に変換できる新物質」。貝や骨、岩石、塩などに含まれる酸化物が主成分。

*5　規定条件で試験したときの平均寿命のこと。使用条件や種類によって異なる。

を得るための電気は非常に少なくて済みます。たとえば、60 W形の白熱電球の消費電力は54 W程度ですが、同等の明るさのLED電球ではわずか7～10 Wです。熱となって失われる電気も少ないので発熱も抑えられます。

白熱電球、蛍光灯、LEDそれぞれを1年間使用した電気代を比べてみると、安い順に①LED 551円、②蛍光灯 867円、③白熱電球 4,257円になり、LEDにお得感があります[6]。

◎ LEDの課題

実用性の幅が広がるLEDにも課題はあります。たとえば、LEDは水銀ガスを使いませんが、半導体そのものにはヒ素やガリウムなどの有害物質を含みます。今後LEDの寿命が迫る前に廃棄方法の検討は必要です。

また寒冷地では、LED信号機の表面が、発熱の少なさゆえに積雪・凍結して見えなくなるという報告があります。

LEDが出すブルーライト（青色光）の健康被害を心配する声もあります。しかし、青色光が目に悪影響を与えるという科学的根拠はなく、医学的データもないのが現状です。青色光は可視光線の中にあるふつうの光であって紫外線ではありません。白熱電球や蛍光灯にも太陽光にも含まれます。青色光が危険ならよく晴れた日の散歩はできません。

ただし、どんな光でも長時間見続けたり暗闇で見続けたりすると、何らかの健康被害が起こる可能性はあるでしょう。

---

[6]　消費電力を白熱電球は54 W、蛍光灯は11 W、LEDは7 Wとして、1日8時間使用して1 Kwhあたり27円で計算。

33 人の体から電磁波が出てるって本当？

> 人体は電磁波を発していて、そのことを利用して作動する装置
> も使われています。人体から赤外線が出る仕組みから実用セン
> サーの原理までを考えてみましょう。

◎ 熱源としての人体

　人間の体温は正常時には36℃から37℃といわれていますが、これは体の深部温度であって、表面である皮ふの温度は体の場所によって異なります[*1]。おおよその平均としては33℃と考えてよいです。絶対温度[*2]で306度（306Kと書きます）です。人体はこの温度を持つ「発熱体」と考えることができます。その熱エネルギーは「赤外線」とよばれる電磁波の放射によって体の表面から外へ出てきます。

◎ 赤外線の発見

　人間は赤外線の存在を「暖かさ」として本能的に知っていたと思われますが、はっきり観測されたのは1800年のハーシェル（Sir William Herschel）の実験です。「電波」の発見[*3]よりずっと前のことでした。天文学者・物理学者である彼は太陽光をプリズムに通して色ごとに分解する実験をしていました。そして、赤色の外側の色の付いていない部分に温度計を当てると、色の見えている部分よりもどんどん高温になることに気がついたのです。

＊１　人間の体の深部温度と表面温度の違いについては No.21（78ページ）を参照。
＊２　108ページ参照。
＊３　13ページ参照。

◎ 赤外線の種類

赤外線は波長 1000 μm から 0.78 μm の範囲の目に見えない範囲の電磁波をいいます。μm は「マイクロメーター」と読み、1 mm のさらに 1000 分の 1 です。波長 100 μm の波の振動数は毎秒 3 兆回です。これを 3 THz（テラヘルツ）と書きます[*3]。

この範囲の中で、波長 1000 〜 4 μm のものを**遠赤外線**、波長 4 〜 2 μm の範囲を**中赤外線**、波長 2 〜 0.78 μm の範囲を**近赤外線**といいます。波長の短いほうの端である 0.78 μm を少し下回った 0.76 〜 0.60 μm の波長の光が**赤色**です[*4]。

◎ 人体の発する赤外線

306 K の発熱体としての人体は、波長 16 μm を中心とした遠赤外線を放射しています。これは皮ふをつくっている分子の振動が起源になっています。

実際、生体をつくっているタンパク質などの炭化水素内において炭素原子と水素原子が結合している「手」とか、水分子内など酸素原子と水素原子の結合している「手」が伸びたり縮んだりする振動運動が 19 THz であり、これに相互作用する電磁波の波長にうまく対応しています。

このような赤外線放射のもとは、我々が食べている食料です。

人体の表面から赤外線による熱の放射によって出ていくエネルギーは、表面積を 2 m² とすると、毎秒 120 J です。これは 120 W の熱源であることを示しています。この熱源を維持するために、外気温との温度差を 10℃ とすると、1 日に 107 J のエネルギーが必要です。これを 2500 kcal の熱エネルギーとして食料からとっています。人体もエネルギー保存法則に従っているのです。

---

*3 T（テラ）は 1 兆、すなわち 10^{12} を示す。
*4 境目は明確ではない。境目付近の光（色）の見え方には個人差もある。

◎ 赤外線センサー

　このような人体からの赤外線を感知するセンサーには大きく分けて2つあります。1つは、赤外線によって生じる温度上昇を感知するもので、さまざまな波長の赤外線に有効ですが、感度があまり高くありません。もう1つは、赤外線を受けて電子の状態が変わることを感知するものです。こちらは、狭い波長の範囲で感度がよく、方向性も鋭く感知します。

　図33-1はセンサーに含まれる半導体の模式図です。半導体内には負の電荷を持った電子の詰まった荷電子帯と、（電子が存在できるけれど）空いている伝導帯があります。そこで赤外線によって、荷電子帯から伝導帯へ電子を叩き上げます。それに対応して荷電子帯に電子の抜けたアナである「正孔」ができ、正の電荷を持ちます。これらの電子と正孔の（互いに逆向きの）流れが外部に電流を流します。この電流の測定によって赤外線が来たことが感知されるわけです。

◎ 赤外線サーモグラフィ

　平面上に単位のセンサーをたくさん並べてどの方向からどんな波長の赤外線がやってくるかを調べると、もとの「光源」の温度分布がわかります。画像処理によって平面に表示する装置を赤外線サーモグラフィといいます。熱源の温度分布を詳細に調べることが可能です。

■図33-1　センサーに含まれる半導体

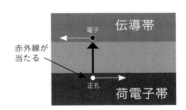

半導体内で赤外線を受けて、負の電荷を持った電子が動く。正の電荷を持った「正孔」も反対方向に動く。

34 有機ELディスプレイって何がすごいの？

携帯電話やテレビなどに有機ELディスプレイを使っているものがあります。薄くて軽く、豊かな表現力を持つのが特徴です。有機ELは照明への利用に向けた開発も進んでいます。

◎ ELって何？

ELとは「エレクトロ・ルミネッセンス」のことで、「ルミネッセンス」は発光を意味しています。発光には、その仕組みにいくつか種類があります。

たとえば、パーティやライブなどで使う、ポキッと折ると発光するケミカルライト（スティックライト）は、**化学ルミネッセンス**を利用したものです。ポキッと折ることで物質と過酸化水素（酸化剤）とが混ざり合って化学反応が起こります。このとき、化学反応のエネルギーで励起状態（高エネルギー状態）となった蛍光物質が基底状態（もとの安定したエネルギー状態）に戻るときに、余分なエネルギーを光として放出します[*1] [図34 - 1]。

■図 34-1　化学反応で発光する仕組み

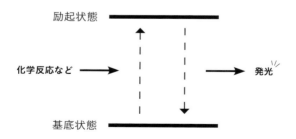

　自然界のホタルの発光では、ATP（アデノシン三リン酸）のエネルギーを消費することで酵素ルシフェラーゼがルシフェリンを分解して励起状態の酸化ルシフェリンが生じ、これがもとの状態に戻るときに黄緑色の光が発生しています。これはバイオルミネッセンスとよばれますが、広くは化学ルミネッセンスの一種です。

◎有機ELって何？

　EL とは、蛍光体に電圧を加えたときに発光する現象であり、発熱することがほとんどなく電気を光に変えることができます。蛍光灯や LED が光る仕組みも同じです。

　エレクトロ・ルミネッセンスの発光体に**有機化合物**を用いるものが有機 EL です。有機 EL では、電流により励起された有機化合物（発光層）がもとの状態に戻るときに放出するエネルギーで発光します［**図34-2**］。有機 EL は、人間がつくり出したホタルといえます。

■図34-2　有機ELの仕組み

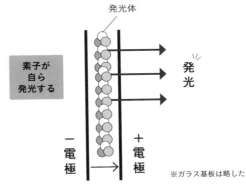

発光体

素子が
自ら
発光する

発光

一電極　＋電極

※ガラス基板は略した

＊1　光の持つエネルギーは【プランク定数×波長】とイコールの関係があり、入力エネルギーを光のエネルギーで放出するとき、それに相当する波長の光を出す。

◎ 驚異的な薄さと表現性の豊かさ

有機 EL の発光パネルは、材料となる有機化合物を透明な基板に薄く塗ったもので、その**厚さは 1 万分の 1 mm 程度**しかありません。2007年秋にソニーが発売した有機 EL ディスプレイのテレビは、最薄部が 3 mm であり、これはほとんどが発光層保護のためのガラス基板の厚さです。液晶ディスプレイのようなバックライトスペースが不要だから実現できるのです。原理的に任意の波長の光を取り出せるので、広い範囲の色が再現可能です。さらに発光を止めればはっきりした黒色が表現できます[2]。

また、視野角が広く（ほぼ180度）、斜めから見ても画像がきれいに見えます。発光のレスポンスがよく、低消費電力です。さらに、非常に薄くできるため、変形するフィルムなどにも画像を表示することができます。

◎ 有機 EL の照明への利用

有機 EL 照明はパネル全体が光るので、天井や壁の面全体を光らせるような大規模な面光源の照明をつくることができます。また、自然光に近くて目に優しく、軽くて薄くて形状も自由に設計することが可能です。

しかし競争相手の LED 照明が発光効率の向上とコストダウンが急速に進んでいるのに対し、今のところ有機 EL 照明は市場拡大がなかなか進んでいません[3]。

---

[2]　液晶ディスプレイのコントラスト比 1000：1 に対して、有機 EL では 100 万：1 という数字が 2007 年秋のソニーのテレビに関して発表されている。

[3]　まだ寿命（耐久性）や発光効率、価格競争で LED 照明におよばないため。発光効率が高く、耐久性がよい材料の開発が進んでいるので、今後に期待したい。

第5章
「安全な生活」
にあふれる物理

35 吊り橋が落ちるときは何が起きているの？

1940 年アメリカのワシントン州タコマ湾にかかる全長 1.6 km の巨大な吊り橋が落下しました。動画も残っているため有名なこの事件。原因は、風による振動でした。

◎ 揺れの基本

規則的な揺れのことを**振動**といいます。振り子を思い浮かべてみましょう。支点から伸びた糸でおもりを下げたものです。

揺らし始めると往復運動を始め、規則的に行ったり来たりします。1 秒あたりに何回往復するかを**振動数**といい、一往復にかかる時間を**周期**とよびます。振動数や周期は振動を特徴づける量です。

◎ ブランコの揺れ

振動の 1 つの例にブランコがあります [図35 - 1]。

ブランコを漕げない幼い子供が、ブランコに乗って座っているとします。まず、鎖を引っ張り後ろから押し出します。そのまま何もしないと、何回か揺れて、揺れは弱まって止まります。摩擦力や空気抵抗がはたらいたためです。しかし戻ってき

■図 35-1　ブランコ

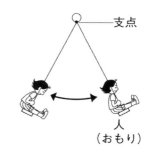

支点

人
（おもり）

た子供の背中をタイミングよく押し続けると、揺れ続け、うまくすると揺れはどんどん大きくなります。

◎ 共振現象とは？

目には見えない原子から超高層ビルや巨大な吊り橋に至るまで、それぞれの物体には振動しやすい固有振動数*1があります。固有振動数と同じ振動数の揺れを外部から加えると、物体が振動を始める現象を**共振**（または共鳴）といいます。共振が始まると外からのエネルギーを吸収して、揺れの大きさ（振幅）がどんどん大きくなっていきます。ブランコを押して揺れが大きくなるのもその例です。そしてエネルギーが加わった振動は短時間で制御不能な状態になって構造物が壊れてしまうことがあるのです。

◎ 共振は危険

1831年、イギリスのブロートン吊り橋を74名の兵士が歩調を合わせて行進し渡りかけました。このとき、橋床が共振を起こし、片側の支柱のボルトが抜けて橋が崩落しました。橋の固有振動数と、行進によって規則的に加えられた振動の振動数がたまたま一致して共振現象が起きたためでした。川に投げ出された兵士約20名が重軽傷を負いました。これ以降、軍隊は橋の上での歩調を合わせた行進を禁止しました。「この橋の上で歩調を合わせて行進すべからず」という標識が立てられ、現在でもいくつかの吊り橋には標識が掲げられています。

◎ タコマ、ナローズ吊り橋が落ちた理由

米ワシントン州タコマ湾にかかるナローズ吊り橋は、建設当時

＊1　1秒間に物体が振動する回数で、単位は Hz（ヘルツ）。

で最新鋭の設計理論に基づき、軽量化した橋げたで世界３位の支柱（主塔）間距離853mを誇っていました。

　ところが、1940年に開通した当初から、ナローズ橋はわずかな風でも大きな上下の振動があり、通過するだけで「橋酔い」する人もいたといいます。

　この揺れの対策を講じるためにワシントン大学の研究グループが16mmフィルムで撮影をしていました。その動画を見ると、橋の振動のようすが最初と崩落直前では違っているのがわかります［図35-2］。

■図35-2　タコマ橋の振動状況

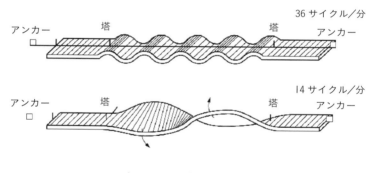

（タコマ・ナローズ橋の橋げたの振動のようす／
　中尾政之「失敗知識データベース−失敗百選　タコマ橋の崩壊」より）

　最初の波打つような振動は上下動です。風は規則的に吹くわけではありませんから、共振現象は起きていません。橋げたの形状が特徴的で横幅が12 m弱と狭くて横風が通過したあとに渦をつくりやすく、渦のできるタイミングと橋げたの動きが一致して橋げたを上下に振動させていたのです。

　11月7日、運命の日には、秒速19 mの強風が横から吹きつけていました。さらに大きな風の力が加わって、それまでの上下動で弱っていた橋はうねって捻れるように振動をし始めます。その振動は風が吹き続ける限りどんどん激しく大きくなり、やがて橋げたの構造が耐えられなくなって引きちぎられ、巨大な橋が崩壊したのです。

◎ 振動による破壊を防ぐ

　この崩落を契機に風の乱れによる橋の不規則な振動も設計の段階で考慮されるようになりました。

　大きな橋や建物の設計をする際には、構造物の部材や高さに応じた固有振動数を計算します。それが地震や風によって加わる主要な振動の振動数と一致して、共振による大きな被害が出ることを第一に防止するためです。

　なお、共振は固有振動数に一致した振動のエネルギーが吸収されて起きますが、物の特性で、周期的でない力が加わっても振動を引き起こすことがあります。これを「自励振動」といいます。弓で弾いて音が鳴るバイオリンの弦や、タコマ・ナローズ橋の横風による振動はこれにあたります。

36 ハイヒールに踏まれるのは ゾウに踏まれるより危険？

電車のホームや満員電車などの人混みの中で、ヒールに踏まれたときの圧力を計算してみましょう。先端が細い部分から受ける圧力は、ゾウに踏まれる場合と比べてどうなのでしょうか。

◎ ヒールで足を踏まれた経験者は少なくない

ハイヒール（パンプス）はカカト部分が大変硬く、なおかつ細いため、大変な凶器になる可能性があります。

ニュースサイトしらべぇ（「気になるアレを大調査！」するニュースサイト）では、全国の男女1,368名を対象に「ヒールの靴を履いた女性に足を踏まれ、痛い思いをした」経験があるかどうか、調査をしてみました。すると、全体で約2割の人が足を踏まれ痛みを感じたことがあると明らかになりました。

有名人がヒールで踏まれ、足を骨折したというニュースもありました。

2011年に、「千原兄弟」の千原ジュニアがヒールで踏まれ、左足第5指基節骨折で全治2か月と診断されました。新大阪駅の構内で、前にいた女性が急にバックしてきて、左足の小指にヒールが突き刺さって骨折して、救急車で大阪市内の病院に搬送され、約1か月のギプス固定と松葉づえによる歩行が必要になったのです。

ほかにも2013年には、人気ユニット・いきものがかりのギター・山下穂尊が東京・渋谷のスクランブル交差点を歩行中に女性にヒールで踏まれて骨折しています。

◎ 同じ大きさの力でも、かかる面積で効果が違う

　雪の上では、ふつうの靴ではもぐってしまいますが、スキーや
かんじき（泥上や雪上など歩行のときに靴につける）、スノーシュー（雪
上歩行に使用）を履くともぐることはありません。

　ふつうの靴よりもスノーシューなどは面積がずっと大きいの
で、力が広い面積に分散するからです。

　ナイフは、同じ力でも小さな面積にかかるように、うすい刃に
してあります。

　同じ大きさの力でも、その力がかかる面積が違うと効果が違っ
てきます。その効果は、面積 $1\,m^2$ あたり垂直に押す力の大きさ
である圧力で比べることができます。

　圧力という言葉から「力の一種」と思う人もいるかもしれませ
ん。たしかに圧力は力の大きさと関係がありますが、力とはその
はたらきも単位も違います。

　圧力は、次の式で計算できます。

$$\text{圧力（パスカル）} = \frac{\text{面を押す力（ニュートン）}}{\text{面積（平方メートル）}}$$

　ニュートン毎平方メートル（N/m^2）という単位を、1つの単位
にしたものが「パスカル（Pa）」です。

　面積が同じでも押す力が大きいほうが圧力が大きくなり、押す
力が同じでも面積が小さいほうが圧力が大きくなります。

◎ ハイヒールに踏まれる vs ゾウに踏まれる

「ゾウに踏まれるよりもハイヒールに踏まれるとどちらが圧力が大きいか？」を計算してみましょう。

たとえば、ゾウの足１つの面積が1,000 cm^2、体重（質量）は3,000 kg、踏まれた足１つには４分の１の体重（750 N）がかかっているとしましょう。

一方、ハイヒールを履いた女性のほうは、体重40 kg、ヒールの先端の面積１cm^{2}とします。これに体重の２分の１がかかります。

１kg が足の上に乗ったときの力は10 N、10,000 cm^2 ＝ 1 m^{2}を使って、それぞれの圧力を Pa 単位で計算してみましょう。

まず、ハイヒールに踏まれる場合です。体重40 kg の半分（重量にして20 N）が１cm^{2}かかると、200,000 Pa になります。

ゾウの足が人の足に乗ったときは、ゾウの足がはみ出してしまいます。するとゾウの足裏の面積は無関係になりますね。

ゾウが人の足に乗った面積を100 cm^{2}とします。その面積にゾウの体重の４分の１がかかると、75,000 Pa になります。

つまり、**ハイヒールに踏まれるほうがゾウに踏まれるよりも圧力が2.7倍くらい大きい**のです。

$$\text{ハイヒールに踏まれた場合の圧力（パスカル）} = \frac{20\,N\,(\text{ニュートン})}{1\,/\,10{,}000\,(\text{平方メートル})}$$

$$\text{ゾウに踏まれた場合の圧力（パスカル）} = \frac{750\,N\,(\text{ニュートン})}{100\,/\,10{,}000\,(\text{平方メートル})}$$

◎ 名前が圧力の単位になった科学者パスカル

圧力の単位 Pa（パスカル）は、フランスの哲学者であり、数学者であり、物理学者だったパスカルの名前からつけられました。

生活の中でパスカルという単位は「ヘクトパスカル」としてよく耳にするでしょう（天気の気圧の単位）。単位に「ヘクト（h）」がつくと、もとの単位の100倍の大きさになります。つまり、1 hPa＝100 Pa です。

パスカルは、1623年に生まれて1662年に39歳という若さで亡くなりました。小さい頃から天才ぶりを発揮し、現在のコンピュータの祖先といえる機械式計算器も発明しています。

名前が圧力の単位になったのは、圧力についていろいろな研究をしたからです。

彼の研究で、1気圧は、水銀柱76 cm、水柱なら約10 m を支えることができる、などがはっきりしました。

「閉じた液体や気体の一部に圧力をかけると、その圧力は液体や気体のどこにも同じようにかかる」という「パスカルの原理」も発見しています。

また、パスカルの言葉では「人間は、自然のうちでもっとも弱い一本の葦にすぎない。しかしそれは考える葦である」が有名です。人間はちっぽけで、もろい存在でも、「考える」というそのことにおいて人間は何よりも尊いのだとパスカルは主張しています。

37 車が急に止まれないのはなぜ？

ドライブを楽しむＡさんの前に、突然猫が飛び出しました。どんなに素早く急ブレーキを踏んでも、止まるまでに何ｍか走ってしまいます。どうして急に止まれないのでしょうか。

◎ 慣性はなくせない

動いているものには、外から力が加わらないかぎり同じ速度で運動し続けようとする性質があります。これを**慣性**といいます。慣性の大きさは質量に比例します。

どんな車にも質量がある以上、慣性をなくすことはできません。車を減速させるには、運動と逆向きの力を加える必要があります。このとき、車の質量が大きければ、同じ力を加えてもなかなか減速しないことになります[*1]。

運動する物体を瞬間で止めるには、衝突の場合のように非常に大きな力が必要です。そのような大きな力は破壊を伴い、乗車した人の安全を確保するのが難しくなります。

◎ 摩擦ブレーキの仕組み

車を止めるためには、ブレーキをかけますね。ブレーキは摩擦力を利用して車輪の回転を止める摩擦ブレーキが一般的です。ここではその１つ、ディスクブレーキを例に説明します。

ブレーキペダルを踏むと油圧装置が力を伝えて、車体に固定されたブレーキパッドをディスクローターに両側から押しつけます。車輪とともに回転するディスクは高速で回っていますから、

[*1] 物体の運動法則をまとめたのは有名な物理学者ニュートン。第１法則が慣性の法則、第２法則が加えた力と運動の変化（加速度）との関係を示す運動の法則（運動方程式）である。

ブレーキパッドと擦れ合い、摩擦力がはたらいて車輪の回転速度が落ちます。同時に、回転するタイヤと路面の間にも摩擦力がはたらき、車は減速しやがて停止するのです。

◎ 制動距離は何で決まる？

注目したいのはブレーキが効き始めてから止まるまでの**制動距離**です。制動距離は車の速度の２乗に比例して増加します。これは、走っている車の持つ運動エネルギーが速度の２乗に比例することに関係しています［**図37 - 1, 2**］。

■図 37-1　制動距離

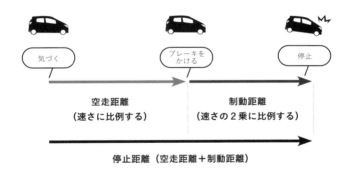

停止すれば運動エネルギーは０になります。大雑把に見積もると、運動エネルギーは形を変えて制動距離の間に摩擦力がした仕事（つまり摩擦熱）に変わったと考えることができます。

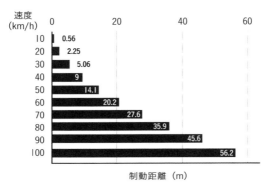

摩擦力の大きさを決めるのに必要な摩擦係数は、
アスファルト舗装の乾いた路面に相当する値 0.7 を使っている。

◎ 路面の状態に注意せよ

　車の制動距離は、自動車の速度が速いほど大きくなりますが、路面とタイヤの状態によっても変化します。これは、摩擦力の大きさが接触する物体表面どうしの状態によって変化するためです。摩擦係数が目安になり、小さいほど滑りやすくなります［図35 - 3］。

■図 35-3　路面とタイヤの摩擦係数

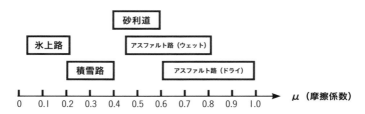

　雨天の場合、路面には薄い水の膜ができることがあります。積もった雪が圧縮されたり、凍結してアイスバーンになったりすると、ますます摩擦係数は小さくなり、タイヤは回転できずに滑ってしまうようになります。油や砂が広がっても摩擦係数は小さくなります。タイヤが磨耗した場合も滑りやすくなります。

◎ 走る車が持っていたエネルギーはどこへ？

　走る車が持つ運動エネルギーは、形を変えてほとんどが摩擦熱として、タイヤのフレームやブレーキパッド、周囲の空気や路面を温める熱に使われて逃げていってしまいます。停止するたびにエネルギーが利用されずに環境に熱として逃げていくと考えると、もったいないことです。

　たとえば、総質量 1500 kg の車が 100 km/h（＝ 27.8 m/s）で走行中に急ブレーキをかけて停止したとします。そのときの運動エネルギーは約 580 kJ です。それが全て摩擦熱に変化したとすると、その熱量で、ペットボトル 1 本分、2000 g の水の温度を約70度も上げることができます[*2]。

◎ エネルギーを回収する回生ブレーキ

　モーターを搭載した電気自動車（EV）やハイブリッド車（HV）では、車輪の回転の運動エネルギーを電気エネルギーに変換してバッテリーに蓄電する回生ブレーキが使われます。駆動のために電気を使って回転を生み出すモーターを、逆に回転を電気に変える発電機として使い、回転速度を減少させ減速します。運動エネルギーを、一部分は電気エネルギーとして回収することができるのです[*3]。

＊2　1 g の水の温度を 1 ℃上げるには 4.2 J の熱が使われる。
＊3　ただし回生ブレーキの効き方は緩やかなため、強くブレーキを踏むと通常の摩擦ブレーキに切り替わる。

38 生卵も殺人兵器になる？

> 壊れやすい生卵でも、高速でぶつかればとんでもない破壊力を
> もたらす恐れがあります。ほんのいたずらのつもりが、大きな
> 事故に結びつくこともありました。

◎ 実際にあった「歩道橋から生卵」事件

　事件は2015年9月の未明と夜に2度起きました。高速道路を走行中の車に向かって、上の歩道橋から大量の生卵を投げつけたとして、会社員と高校生の兄弟が逮捕されました。その数、数百個というから驚きです。面白半分で投げたという愉快犯だそうですが、当たった車の被害はフロントガラスが割れたり屋根やボンネットがへこんだりと、少しでも間違えば死亡事故にもつながりかねない状況でした。いたずらではすまされない危険行為です。

　質量はたかだか50〜60g、割れやすく潰れやすいものの代表のような生卵が、なぜこれほどの破壊力を生んだのでしょうか。

◎ 衝撃が加わる時間は一瞬

　水平に投げた生卵の速さが時速80kmだとしましょう。ふつうの人がボールを放る球速くらいです。この生卵が、時速100kmで走行中の車と正面衝突したと考えてみます。この場合、**図38-1**のように車から見た生卵の相対速度は時速180km（秒速50m）になります。

　衝突は瞬間的ですが、衝撃が加わる時間を計算してみましょう。

　生卵がまっすぐ当たって、当たった場所から潰れていくとします。50 m/s で長さ5 cm (0.05 m) の卵が端から端までぶつかりきるのにかかる時間は、1000分の1秒ほどです。

■図 38-1　衝突に要する時間

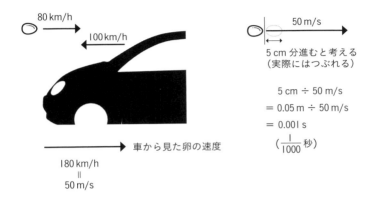

80 km/h

100 km/h

車から見た卵の速度

180 km/h
＝
50 m/s

50 m/s

5 cm 分進むと考える
（実際にはつぶれる）

5 cm ÷ 50 m/s
＝ 0.05 m ÷ 50 m/s
＝ 0.001 s

（$\frac{1}{1000}$ 秒）

◎ 生卵のすさまじい衝撃

　次に衝撃力の大きさを計算してみます。運動している物体が他の物体に与える衝撃の大きさを表す量に「運動量」というものがあります。重いものほど、また速く動いているものほどぶつかったときの衝撃が大きいので、運動量は物体の「質量×速度」で定義します。

　また、「運動量の変化」は、「力×時間」で定義される「力積」に等しいという物理法則があります。

137

野球で捕球する場面を例にとると、ボールの動きを止めるには速度と逆向きに力を加える必要があります。手は同じ大きさの力を反作用として受けます。捕球にグラブやミットを使うのは、柔らかく変形するもので接触時間を長くし、力が小さくてすむようにしているのです。逆に、短い時間で運動量を変化させると大きな力を受けることになります。

　これを生卵と車の衝突に当てはめてみましょう。飛んでくる生卵が車に衝突して一体となるということは、車に対する相対的な運動量を変化させて０にするということですから計算は**図38－2**のようになります。

■図 38-2　衝突時にはたらく力の大きさ

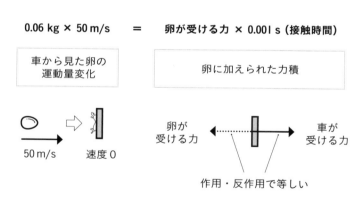

　生卵の質量を60 g（0.06kg）、車に対する相対速度を50 m/sとして計算しています。

　衝突の瞬間の力は3000 N（ニュートン、力の単位）にもなります。これは約300 kgw（重量キログラム）ですから、大相撲の最重量級力士の体重を超える力ということです。

　実際には、生卵が当たった直径3 cmほどの範囲にこの力が集中します。たとえていえば、体重300 kgwの人が直径3 cmの竹馬1本に乗って踏んだような力が瞬間的に加わったことになります。フロントガラスが割れるのも無理はなさそうです。

　生卵は球ではなく、一部がややとんがっていますが、鶏卵の殻はこの長い方向に加わる力には意外と強いという性質もあります。衝突時の向きがたまたまこの先端が前になっていたとすると、瞬間的にはより大きな力が発生する可能性もあります。

◎ 生卵を投げる行為は危険！

　いたずらや嫌がらせで生卵を投げつけたという事件は時々耳にします。投げる側は「石よりは安全で、割れてベトベトになる程度」だと思ってたかをくくっているかもしれませんが、たとえ生卵でも状況によっては殺人的な威力を発揮する場合があることがおわかりいただけたと思います。

　海外では車から投げられた生卵が当たって、自転車に乗っていた人が失明した事例も報じられています。石つぶてはもちろんのこと、たとえ生卵であっても、決して人に向かって投げてはいけません。

39 人体に雷が落ちることがあるのはなぜ？

落雷による死亡原因は、開けた平地に立っていた場合がもっとも多く、第2位が木の下の雨宿りであり、この2つの場合が全落雷死の半数以上を占めます。雷への安全対策を考えます。

◎ **人体は雷にとっては雷が落ちやすい導体**

　人体への落雷と安全対策については、北川信一郎氏らの1971年の研究が参考になります。医学・理学・工学の3分野の研究者からなる「人体への落雷の研究グループ」によるものです。人体と同様な等身大の人形や実験動物への雷インパルス電圧を加えた実験をおこない、また、その実験結果と合計65落雷についての調査データを合わせて、人体への落雷の実態を解明しました。その研究をもとにして落雷への安全対策を提案しています。

　「衣服や雨具やゴム長靴は、絶縁体だから大丈夫」と聞くことがあるでしょう。しかしこのことは雷については当てはまりません。

　雷にとって人体は、約300 Ω（オーム。電流の流れにくさを表す抵抗の単位）の導体としてはたらいてしまいます。雷にとっては、人体は、人体と同サイズの金属の棒があるのと同じことです。落雷を誘うのは、身につけた金属などではなく、地球上から突き出ている人体そのものです。ですから、絶縁体で体をおおっていても駄目なのです。

　開けた平地、海岸、ハイキングコース、登山コースなどでは、落雷を受ける確率が高く、安全を確保する手段がありません。直立姿勢はもとより、しゃがんだり、腰を下ろしたりしても、直撃、

側撃を受けます[*1]。ですから、これらの場所からは、雷雨が近づく以前にできるだけ早く避難する必要があります。

◎ 雷に打たれても平気な「ファラデーのかご」の中

完全に雷から逃れる方法がわかったのは1836年のことでした。電磁誘導の発見などで科学史上に燦然と輝く英国のファラデーでした。自ら、「ファラデーのかご」とよばれる金属製の網で囲まれたかごの中に入って高電圧を受け、金属（導体）に囲まれた空間には落雷が侵入しないことを証明して見せたのです。

ということで、「ファラデーのかご」になっている自動車（オープンカーは不可）、バス、列車、コンクリート建築の内部に留まるのは安全対策として正解です。また一般家屋では、屋外のテレビアンテナに接続されたテレビから2m以上離れることです。万全を期するには、電灯線、電話線、アンテナ線、アース（接地線）、これらに接続されたすべての電気機器から1m以上離れることです。もちろん、電話は使用しないようにしましょう。

◎ 避雷針、あるいは高い物体の保護範囲に入る

「ファラデーのかご」の中に入ることに次ぐ安全を確保する方法は、避雷針あるいは高い物体の保護範囲に入ることです。

一般に、高さ4m以上20mまでの物体、たとえば、電柱などの頂点を45度の角度にみる空間は、保護範囲とよばれ、ほぼ安全といえます。ただし、立ち木は4mでも側撃を受ける危険性があるため近寄らないようにします。高さ4〜20mの電線については、その電線を屋根の棟とみなし、底辺の幅4〜20mの三角錐の空間内が保護範囲に対応しています。ただし、その安全性

---

*1　落雷で倒れた人が出たら、呼吸・脈拍を調べ、停止しているときは、ただちに人工呼吸、心臓マッサージを施し、救急隊の到着まで継続する。5分以内に呼吸、心拍が回復すれば助かる確率が高い。

は確率的で100％ではありません［**図39‐1**］。

これらの物体を利用して落雷を避けるには以下の注意が必要です。

■図 39-1　落雷を避ける保護範囲

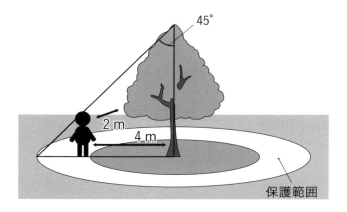

・高さ４m以上の物体（樹木、ポール、クレーンなど）が近くにあるときは、その頂上を45度以上の角度で見上げ、物体のどの部分からも２m以上離れた位置で、姿勢を低くする。
・樹木の場合はすべての枝先、葉先から２m以上離れる。
・高さ４m以下の物体からは遠ざかる。

◎ 送電線、配電線の最上部には架空地線が張ってある

架空地線は、送電線、配電線への直撃雷の対策のために鉄塔頂部に設置されています。雷が架空地線を直撃したときは、鉄塔頂部 → 鉄塔 → アースへと雷電流が流れます［**図39‐2**］。

　架空地線を45度以上の角度で見上げるベルト地帯は保護範囲となります。避難するときはこのベルト地帯を通って移動します。

■図 39-2　架空地線

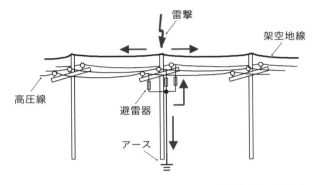

雷撃

架空地線

高圧線

避雷器

アース

（北陸電力「配電線下方に取付ける架空地線による避雷器雷被害の抑制」より抜粋・加工）

◎ 早めに雷雲の動きを予測しよう

　天気予報を利用し、また絶えず気象状況に注意し、雷雨の来襲を早めに予知するすることが大切です。積乱雲（入道雲）は数分で雷雲に発達し、雷雲の進行方向には雲内の下降気流が陣風（突風）となって広がります。

　雷鳴の可聴距離はおよそ10kmですから、雷鳴が聞こえたら微弱でもただちに避難する必要があります。

40 バチッと衝撃の静電気は どうやって防いだらいい?

> 冬の空気が乾燥した日には、ドアの金属のノブにさわるとバチッと衝撃を感じたり、衣服が体にまとわりついたりします。いずれも静電気のしわざです。

◎ 静電気はどうして起こるのか?

物体の表面に静電気が起きている状態を「帯電している」といいます。帯電は、文字通り「電気を帯びること」です。

静電気の+電気と-電気で、同じ種類の電気どうしは反発し、違う種類の電気どうしは引きつけ合います。この力については、クーロンの法則が成り立っています。クーロン力は、静電気をたくさん帯びて、距離が近いほどが大きくなります[*1]。

静電気が起きるのは、2つの物体が接近し、さらに接触して、その後に物体が分離するときです。2つの物体が接触したとき、お互いの表面の一方は+に、片方は-になっています。これを引き離すと、境界面にできた+電気と-電気の大部分は消えてしまいますが、消えないで残る電気が静電気です。

プラスチックやゴムなどのように電気が流れにくい絶縁体（不導体）には、ふつう静電気は流れないでたまっていきます。静電気がたまった物質に、金属などの電気を伝えやすい物質（導体）を触れさせると、たまっていた電気は金属を伝わり電流となって一気に流れます[図40-1]。金属も条件を整えれば静電気をためることができます。たまった電気が逃げない状態にすると静電気は流れません。

---

*1 クーロン力（静電気の力）は2つの物体の間で、それぞれが帯びている電気の量を掛けた数値に比例し、距離の2乗に反比例する。これをクーロンの法則という。

■図 40-1　静電気が流れるようす

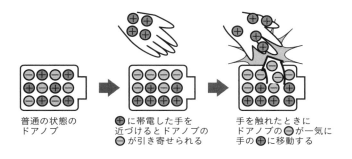

普通の状態の
ドアノブ

⊕に帯電した手を
近づけるとドアノブの
⊖が引き寄せられる

手を触れたときに
ドアノブの⊖が一気に
手の⊕に移動する

　物体を接触させたとき、どちらの電気に帯電しやすいかを順番
に並べると次のようになり、**帯電列**といいます*2。[図40 - 2]

■図 40-2　帯電列

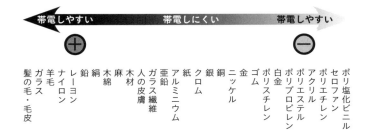

帯電しやすい　　　　　　　帯電しにくい　　　　　　帯電しやすい

⊕　　　　　　　　　　　　　　　　　　　　　⊖

髪
の
毛
・
毛
皮

ガ
ラ
ス

羊
毛

ナ
イ
ロ
ン

レ
ー
ヨ
ン

鉛

絹

木
綿

麻

木
材

人
の
皮
膚

ガ
ラ
ス
繊
維

亜
鉛

ア
ル
ミ
ニ
ウ
ム

紙

ク
ロ
ム

銀

銅

ニ
ッ
ケ
ル

金

ゴ
ム

ポ
リ
ス
チ
レ
ン

白
金

ポ
リ
プ
ロ
ピ
レ
ン

ポ
リ
エ
ス
テ
ル

ア
ク
リ
ル

ポ
リ
エ
チ
レ
ン

セ
ロ
フ
ァ
ン

ポ
リ
塩
化
ビ
ニ
ル

※プラスチックなどの絶縁体は－（マイナス）電気を持っていることが多い

＊2　近い物質どうしでは、場合によっては帯電列からの予測と逆の結果になったりする。
　　また同じ種類の物質どうしでも分離による静電気が起きる。接触面の性質が、汚れ
　　や空気中の酸素や水分などで変わってくるからである。

＋側にある物質と－側にある物質を接触すると、前者は＋電気、後者は－電気の静電気を帯びます。たとえば、ストローはポリプロピレンという材質でできています。紙でストローをこすると、紙は＋電気、ストローは－電気を帯びます。

　起きた静電気は、電圧が高いです。たとえば、事務用の椅子に座っていた人が椅子から立ち上がるだけで椅子と人は数百Ｖ（ボルト）以上に帯電します。衣服を着たわきの下でプラスチックの下じきをこすってから、下じきをわきの下から離すとチリチリという音がします。そのとき数千Ｖから数万Ｖの静電気が生じています。チリチリは、高い電圧で空気中を電子が走るときの音です。

◎ 静電気は起きると同時に、大地に向かって刻々とリーク

　リークは、「漏れ」という意味です。ある物体に静電気が起きているとき、同時にリークも起きています。私たちが実際に観察する、あるいは感じる静電気は、起きた分からリークした分を差し引いた分です。

　私たちの生活で、静電気のリークが起きやすいのは、物体が水で濡れていたり、水の膜でおおわれているときです。水はいろいろな物質を溶かし込むので、水道水など身近にある水は、陽イオンと陰イオンが含まれていて、静電気にとっては導体になります。なお、純粋な水は静電気にとっては絶縁体です。

　冬に静電気が起きやすいのは、乾燥していて、あるいはさらにエアコンで室温を上げたりして、相対湿度が低いからです。

　さらに私たちの生活では、靴底や床材、じゅうたんなど、さまざまなところに絶縁体であるプラスチックなどが多用されていま

す。すると、人は歩いているだけで、靴底と床が接触しては離れるので静電気を起こす存在になっています。歩行によって、人は大地と比べて2万Vくらいの電圧に帯電しているのです。歩行帯電して、ノブにさわると、ノブは大地に接地しているので0V、対して人は2万Vですから、その間で放電が起きるわけです。暗くすると、この放電の光は肉眼でも見ることができます。

◎ 静電気の"バチッ"対策

ドアのノブでの対策の1つは、金属片（板鍵やボディに金属製のボールペンなど）を持って、まず金属片をノブに触れることです。

ふつうにノブに手を近づけると、放電による火花の電流がとても狭い1か所に集中して流れ、神経が敏感に反応します。そこで、金属片をまず触れさせると、金属片を握っている手全体に電流が分散するので、神経への刺激は少なくなるのです。

電流の分散で刺激を弱めるとしたら、握って「グーにした」状態や手のひら全体でノブに近づけるという方法もあります。

他の対策もあります。ノブを触る前に、木やコンクリートの壁に手をタッチしておきます。静電気から見ると木やコンクリートは絶縁体ではなく、ある程度電気が流れるものです。木やコンクリートでできた壁は、大地に接地していますから、人の帯電した静電気を逃がしておけるのです。近くにそんな壁がない場合は、ドアの本体にタッチしてもいいでしょう。

車の座席が絶縁体なら、降りるとき静電気を帯びるので、車体の金属部分に触りながら降ります。車体から大地に人の体の静電気を逃がしてやるのです。

41 1つのコンセントでどのくらいタコ足配線したら危険なの？

便利な家電製品や電子機器が次々に出てきて、コンセントが足りません。つなげ過ぎはいけないとわかっていても、ついついやってしまうタコ足配線。危険なわけを説明します。

◎ タコ足配線の危険性

電気は私たちの生活に欠かせないもので、便利な反面、正しく管理しないと危険なものでもあるのです。

実は、タコ足配線で問題になるのは、つないだ機器の数ではなく、流れる合計の電流量です。流れる電流が大きくなると電気抵抗による発熱がとても大きくなります [**図41-1**]。配線のコードや部品には電気抵抗の小さい金属を使いますが、発熱をゼロにはできません。限度を超えて大きな電流が流れるとコンセントやタップが発熱し、火災につながることがあるのです。

■図41-1 コンセントやコードも電気が流れると発熱する

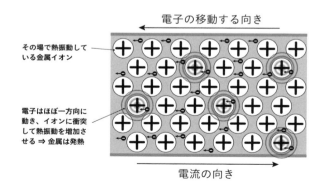

電子の移動する向き

その場で熱振動している金属イオン

電子はほぼ一方向に動き、イオンに衝突して熱振動を増加させる ⇒ 金属は発熱

電流の向き

＊1 日本の一般的なコンセントやタップには 100 V の交流電圧がかかっている。消費電力は電圧×電流なので、消費電力の 100 分の 1 が電流値と見積もることができる。定格値は 1500 W（15 A）のように表記されていることがある。

◎ 電気火災はどんなときに起こる？

ではどんな場合に危険になるのでしょうか。電流量は電気製品に記された消費電力に比例するので、消費電力の大きさを考えればよいことになります[*1]。コンセントやテーブルタップは、安全のために使用限度が決まっています。一般的な2口コンセントは合計で1500 W です。そこに接続して電気を流している機器の電力の合計が1500 W を超えてはいけないということです［**図41-2**］。

■図4I-2　主な電気製品の消費電力の目安とタコ足配線の例

ドライヤー	1200 W
アイロン	1000 W
電子レンジ	1200 W
ホットプレート	1300 W
電磁調理器	1200 W
炊飯器（5.5合炊き）	800 W
ノートPC	約 20 W
インクジェットプリンタ	15 〜 60 W
スマホ充電器	約 10 W

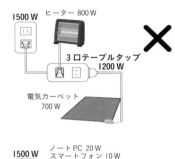

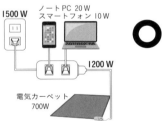

この使用限度のことを定格（値）といいます。たとえば、コンセントの1口に定格1200 W の3口のタップを差して分岐させたとします。電力量の大きいヒーター（800 W）と電気カーペット（700 W）をタップにつなぐとどうでしょうか。タップはまだ1口空いていますが、1200 W の定格を上回っていますから、タップや延長コードが発熱して発火

＊2　コードリールなどできれいに束ねたコードが火災の原因になることがある。整理整頓されている印象だが、電気コードは束ねたまま使用してはいけない。放熱できずに発火する危険性が高まる。コードリールは全部引き出したときと、一部だけ引き出したときでは定格電流値が異なる。取扱説明書で確認する必要がある。

し火災になるかもしれません。

　安全のために、消費電力の合計を計算して、適切に管理することが大切です。ただ電子機器は消費電力が少ないので、定格より低いタコ足配線は許容できることがわかります。

◎ 知らぬ間に進行するトラッキング現象

　コンセントやタップの発火原因の１つに、トラッキング現象があります。コンセントやタップにプラグを長期間差したままにしておくと、プラグの周辺に埃がたまります。そこに水滴や湿気が加わると、わずかに露出したプラグの刃と刃の間に火花放電がくり返されます。すると付近のプラスチックが炭化して電気が流れる道（トラック）ができ、発火してしまうのです。この現象がトラッキング現象です。

　長い間使わないでいるプラグは抜き、こまめに埃を掃除しましょう。洗濯機や冷蔵庫、テレビなどはプラグを差したままで、掃除がしにくい場合も多く、埃がたまりやすいので注意が必要です。ペットの尿がきっかけになることもあるということですから驚きです。

◎ 漏電で起きるトラブル

　電気が正しいルートではなく、他所に漏れ出て流れてしまうのが漏電です。電気が無駄になるだけでなく、感電や火災など深刻な事故の原因になります。先ほどのトラッキング現象も漏電の一種です。

　古くなった電気器具や配線の不具合で、知らぬ間に電気製品から漏電していて、触っただけで感電することもあります。電気器

具やコードには、電気が漏れないように、電気を通さないプラスチックなどの絶縁体で被覆されています。漏電は古くなって被覆が劣化した配線や家具やドアに挟まれて傷んだコードの絶縁不良で起きることが多いのです。

また、洗濯機のように水に濡れやすい機器は漏電しやすいといわれています。防水のない電気器具が水に濡れてショートした場合も危険です。人も水に濡れると電気抵抗が下がるので感電しやすくなります、濡れた手で電気製品に触るのは厳禁です。

◎ アースは絶対にとろう

漏電したときに、被害を少なくするためには、電気製品のアースをとることが大切です。感電は、電圧の高いところから人体を通って電圧がゼロの大地に電気が流れることで起きます。漏れた電流を人体よりも電気が流れやすいアース線を通って大地に流してしまえば安全です［**図41-3**］。洗濯機、冷蔵庫、エアコン、電子レンジ、食器洗浄機など、消費電力が大きかったり、水場で使ったりする電気製品にはアース線をつないで万が一の漏電に備えましょう。

■図41-3　アースをしていれば漏電しても安心

電気の逃げ道

42 スマホの電波に害はないの？

スマートフォン、Wi-fi、Bluetooth など、暮らしの中にはさまざまな電波が使われています。この「電波」はレントゲンに使われる X 線や紫外線と同じものなのでしょうか。

◎ 電磁波とは何か

家電を使うときには、コードを通じて電流が流れています。電流が流れると、コードのまわりには磁力がはたらくようになります。この磁力は、磁石が砂鉄を動かすのと同じ力です。

家電を使うときには**図41 - 1**のように電力と磁力の両方がはたらきます。電気と磁気は相互に作用しながら波のようにして伝わっていくので、**電磁波**とよびます[*1]。

■図 42-1　電流と磁界

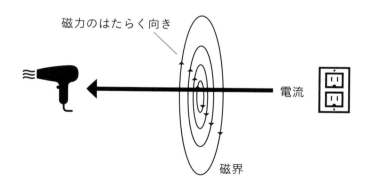

＊1　伝わり方が波のようでないときは電磁界とよぶ。

◎ 電磁波と電離作用

電磁波にはさまざまなものがあります。レントゲンで使われる X 線やガンマ線、紫外線なども電磁波です。しかし、これらは電波ではありません。持っている効果がまったく違うのです。

電磁波も波なので、波長や周波数があります。そして、電磁波の持つエネルギーは、この周波数に比例して大きくなります。

周波数が大きいものから見てみると、がん治療に使われるガンマ線は 10^{18} Hz、レントゲンに使う X 線は 10^{16} Hz です。続いて紫外線が 10^{15} Hz、赤外線が 10^{12} Hz などとなっています。

この中で性質が大きく異なるものが赤外線で、赤外線だけが**電離作用**を持っていません[*2]。

電離作用とは、電磁波が何かに当たったときに、その当たった物質から電子を弾き飛ばしてしまう作用のことです。しかし、このような作用をもたらすためには電磁波がとても大きなエネルギーを持っていなければなりません。赤外線は周波数が小さいので、電離作用を起こすほどのエネルギーを持っていないのです。

◎ 電波には電離作用がない

私たちが電波とよんでいるのは、3×10^{12} Hz 以下の周波数の電磁波です。電波には電離作用はありません。電波が DNA に傷をつけたり、がんを引き起こしたりすることは考えられないのです。とくに、携帯電話に使われている 10^8 Hz から 10^9 Hz の周波数を持つ電波が人にもたらす作用は、あったとしても電子レンジが物を温めているのと同じ「熱作用」だけで、これ以外の影響は見つかっていません。しかも、私たちのスマホが発している電波は、熱作用が起こってしまう強さの50分の1以下の強さでしか

＊2　ガンマー線や X 線、紫外線は電離作用を持っている。紫外線が殺菌に使えるのは、紫外線を当てることで細菌の DNA の電子を弾き飛ばしているから。

使っていません。つまり、携帯電話の電波が健康な人に害をもたらすとはいえないのです ［図42-2］。

■図 42-2　電磁波の分類と生体作用

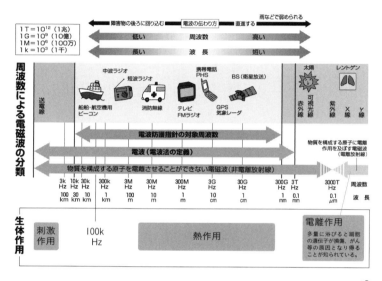

資料：総務省「電波と安心な暮らし」*3

◎ 電波を解析してさらに安心に

電波も波なので、重ね合わせによる音の増幅や減少が起こります。データの送受信をおこなう機器が電波を発しているのは想像しやすいですが、データの送受信をおこなっていない機器でも、

---

*3　本書では、赤外線は波長１mmより短いものとしたが、この表のように 0.1 mm からとする場合もある。

電気を使う製品はすべて電波を発しているのです。その波形は電気製品の種類ごとに異なります。いろいろな家電を使うと、それぞれの家電から発せられた電波が重ね合わされた波がブレーカーに伝わってきます。この重ね合わされた波を解析することで、いつどんな家電を使ったのかを推定することが可能です[*4]。

◎ 優先座席付近で電源オフが不要になったワケ

　電波の重ね合わせができるということは、意図しない重ね合わせが発生する可能性もあります。これが、機器の動作不良を招くのではないかといわれ、以前は電車の優先席付近や航空機の離発着時には電波の発する機器の電源を切るようにいわれていました。

　しかし、技術の進歩とともに携帯電話に使われる電波の出力は弱まっています。現在使われなくなった第2世代が 800 mW なのに対して、第3世代以降では 250 mW となっています。電波が弱くなれば、それだけ他の機器に影響をおよぼす可能性が低くなります。

　さらに、医療機器も進化しています。携帯電話を細かい目の金属メッシュやアルミホイルを 2〜3 重にしておこうと、携帯電話に電波が入らなくなって通信ができなくなります。これと同じようにして、医療機器が外部からの影響を受けにくくするようにしたのです。こうしたことを受けて、電源をオフにすることが不要になったというわけです。

＊4　そのことを利用して、家族に使用状況を知らせるサービスが、高齢者の見守りサービスとして販売されている。

第6章
「人体とスポーツ」
にあふれる物理

43 押し合いの力が等しくても勝敗がつくのはなぜ？

スポーツの世界でも作用と反作用は向きが逆で大きさが等しいはずです。それなのに、引き分けにならずに勝負がつくのはなぜでしょう。ニュートン力学の視点で考えてみます。

◎ 作用反作用の法則

英国のニュートンが力学の「ニュートンの運動の三法則」を提唱したのは17世紀のことです。この三原則のうち、第3法則の「作用反作用の法則」は知名度の高い法則です[*1]。ただし、誤って理解されている場合が多いことでも有名です。

この法則の内容は、「物体AがBに力（作用）をおよぼすときは、必ず同時にBもAに力（反作用）をおよぼす。作用と反作用は同一直線上逆向きで、その大きさは等しい」というものです。

壁や机を手で押せば、手応えを感じることから、逆向きの力を受けているということはなんとなく納得できますが、「作用と反作用の大きさが等しい」という点にはちょっと引っかかるかもしれません。

◎ 力が等しいなら引き分け？

一例として、単純な押し合いを考えてみましょう。相撲やラグビーのモールなどで、選手どうしが互いに押し合っているシーンをイメージしてください。仮にAがBを圧倒的に押し負かしたとします。このときAがBに加えた力と、BがAに加えた力はどちらが大きかったでしょうか。「それは、勝ったほうの力が強かっ

＊１　このほかに、第１法則の「慣性の法則」と第２法則の「運動の法則」がある。

たに決まってるよ」と思った方は、前ページの「作用反作用の法則」をもう一度読んでみてください。ここでの2つの力は、作用反作用の関係にあります。法則は「この2力は常に等しい」といっているのです。

作用反作用の法則が正しいなら、なぜ勝負がついたのでしょうか。2力が等しいなら、動かなくなって引き分けになるのではないでしょうか [**図43 - 1**]。

■図 43-1 2力が等しい押し合い

勝っても負けても押し合う力は作用反作用で常に等しい。
等しいなら引き分けじゃないの？ なぜBは負けたの？

◎ 違う物体にはたらく力は合成できない

上の考察で行き詰まった人は、「作用反作用」と「力のつり合い」を混同しています。力のつり合いは、1つの物体にはたらく複数の力を合成（向きを考慮して足し算すること）したとき、その結果が0（ゼロ）になることです。たとえば**図43 - 2**の手のひらに乗せたリンゴの場合、リンゴにはたらく重力と、手がリンゴを押し上げる力が等しければ、この2力は逆向きで等しいので、打ち

消し合います。これがつり合いです。作用反作用との違いがわかるでしょうか。

　ポイントは「力の受け手」です。このリンゴの例では、２力は「地球がリンゴを引く重力」と「手がリンゴを押し上げる力」で、共に受け手はリンゴです。同じ物体にはたらく力しか合成はできません。作用と反作用はそれぞれ「ＢがＡから受ける力」「ＡがＢから受ける力」で受ける物体が違うので、そもそも合成できず、つり合いを考えることもできないのです*¹。

■図43-2　つり合う２力

◎ ではなぜ勝負はつくのか

　それではなぜ押し合いの勝負はついたのでしょうか。**図43 - 1**の相撲を例として力士Ａ、Ｂが互いにおよぼし合う力以外の力を探してみましょう。

　両者は共に前進するために地面を蹴っていますね。ここでも作用反作用の法則が成り立っていて、地面を後ろに蹴った力に等しい反作用が地面から足にはたらきます［**図43 - 3**］。この力（摩擦力）が相手から受ける力を上回れば、自分にはたらく合力は前向きと

---

*１　お金にたとえると、持ち主が同じお金は足し算してよいが、他人の金をやたらに自分の財産に足し込んではいけないということ。自分の借金を他人のお金で埋め合わせることはできない。

■図43-3　力士は土俵からも力を受ける

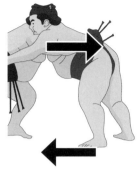

　なって前進できます。つまりこの場合は摩擦力の大小で勝負が決まったわけです。

　ラグビーでは足が滑らないようにスパイクシューズを履きますが、相撲は裸足です。摩擦力をかせぐためには地面を上から押す力（垂直抗力）が必要ですから重いほうが有利です。そこで力士は体重を増やす努力をするわけです[*2]。

　相撲の立会いは低い姿勢で相手に当たることが基本です。低く当たって相手の胸を起こし、懐に飛び込んでまわしをつかむのが有利です。相手を持ち上げるような力を加えると、相手の足にかかる垂直抗力を減らすと同時に、自分の足の垂直抗力をその分増やすことができて、摩擦力の勝負では一挙両得なのです。

　このように、互いにおよぼし合う力は作用反作用で等しくても、他の力を効果的に組み合わせることで、相手を押し動かしたり、回転させて倒したりする技が格闘技系の競技では多用されます。そんな視点でスポーツを観戦すると新たな楽しみが見つかるかもしれません。

　＊2　ラグビーのモールの場合も体重が大きいほうが有利だが、足が滑らないので地面から得る力が不十分だと姿勢が崩れ、足を踏み換えて後退せざるを得なくなる。

44 筋肉の力はテコの原理のおかげで発揮される?

テコは棒の１点を支点にして回転させ、重い物を小さな力で動かしたり、小さな動きを大きく変えたりするしかけです。体の中にも骨と関節を使ったテコが隠れています。

◎ 身近なテコは３種類

テコには棒を支える**支点**、力を加える**力点**、荷重がかかる**作用点**の３点があり、配置によって３種類に分類できます。また支点からの位置関係により、はたらき方には２つの特徴があります[図44-1]。

■図 44-1　３種類のテコとはたらきの特徴

① 支点が中心にあるテコ

(a) 支点に作用点は近く力点は遠い

作用点　支点　力点
小さい力でよい
動かす距離は大きい

(b) 支点に作用点は遠く力点は近い

作用点　支点
大きな力が必要
動かす距離は小さい
力点

② 作用点が中心にあるテコ

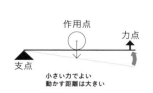

作用点　力点
支点
小さい力でよい
動かす距離は大きい

③ 力点が中心にあるテコ

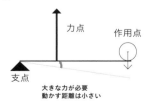

力点　作用点
支点
大きな力が必要
動かす距離は小さい

◎ 筋肉は縮むけど伸びない

　私たちが体を思うように動かせるのは、体をつくる骨とそれを動かす骨格筋がうまくはたらくためです[*1]。

　ところで筋肉は縮む／伸びると考えがちですが、筋肉を伸ばすことはできません。縮むときに力を発揮し、力を抜くと筋肉は緩んだ状態になります。骨格筋は1つの骨から他の骨を結ぶように関節を1つもしくは2つまたいで、両端にある腱で骨についています。腱がどの骨についているかで、筋肉がどこに力をおよぼすかがわかります。腱は伸縮でき、筋肉が縮むと腱が伸びます。単純な動作でも同時に複数の筋肉が縮んだり緩んだりして使われるので、筋肉のはたらきは結構複雑です。

◎ 腕の動きでテコの仕組みを考えてみよう

　体の中のテコでは、骨が回転する棒に、関節の回転軸が支点に相当します。力点で力を発揮するのが筋肉です。わかりやすい例として腕の力こぶをつくる上腕二頭筋と、その裏側にある上腕三頭筋で体の中のテコの仕組みを考えてみます [**図44‐2**]。

■図44-2　筋肉のつき方の例（上腕）

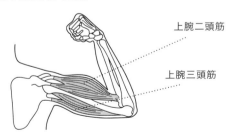

上腕二頭筋

上腕三頭筋

　＊1　体をつくる筋肉は、その構造と機能から、心筋・骨格筋・平滑筋の3種類に分けられる。

まず、上腕二頭筋は肩甲骨と肩関節、また肘関節の内側で前腕の骨に付着しています。5kgのダンベルを握って、肘を曲げ前腕を水平からさらに持ち上げる動作を考えてみます［**図44-3,4**］。

■図44-3

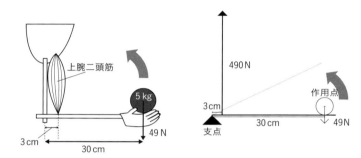

■図4-4

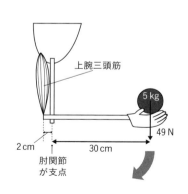
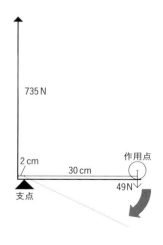

　動かずに支点となるのが肘関節です。また筋肉は肘関節の3cm内側についているので、そこが力を加える力点になり、作用点はダンベルを持つ手で、肘関節から30cmの位置とします。このテコは**図44−1−③**です。

　では筋肉が出すべき力を計算してみましょう。ダンベルを支えるのに必要な力は49Nですが、意外なことに、テコを使って筋肉が出す力は、10倍の490Nも必要になります。しかし、動かす距離の関係を見ると、筋肉はわずかに1cm縮めば、握ったダンベルはその10倍の10cmも持ち上げることができます。

　次に上腕三頭筋ですが、上は肩甲骨と上腕骨に、下は肘関節から2cm前腕の骨が突き出たところに付着しています。支点は肘関節です。上腕三頭筋は、肘関節を伸ばしていくときに力を発揮して縮みます。

　これは支点が真ん中にあるテコ（**図44−1−①(b)**）です。作用点が15倍も遠くにあるため、力点の筋肉は15倍の力を出さなければなりませんが、筋肉が1cm縮めば15cmも動かすことができます[*2]。

◎ 筋肉は想像以上に力持ち

　例にあげた2つのテコはどちらも、力点が支点の近くにある構造をしていました。骨格筋は狭い空間ではたらくため、わずかな筋収縮でも骨を大きく、しかも素早く動かすことができる仕組みになっているのです。同時に、筋肉が発揮する大きな力にも驚かされます。筋肉はすごい力持ちだったのですね。

＊2　話を簡単にするために、テコの棒の重さは考えていない。実際に作用点にかかる荷重は、ダンベルの重さとテコの棒に当たる前腕、そして手の重さも加わる。その重さとダンベルの重さを加えて合成した重心の位置が作用点となるので、実際の数字は少し変わる。

45 スターターピストルの号砲は なぜ火薬音ではなくなったの？

陸上競技や競泳のスタート合図はスターターピストルでおこないます。学校の運動会のスターターピストルは火薬の爆発音を利用していますが、国際的な大会でもそうなのでしょうか。

◎ 号砲の音が競技者に伝わる時間差

かつては陸上競技や競泳のスタート合図は、ピストルの火薬爆発による音でおこなっていました。たとえば、1964年の東京五輪におけるスタート号砲は、本物の38口径拳銃の空砲を使用しました。

東京五輪以前は、トラックのレーン数は6レーン、すなわち1レースあたり競技者6人で競っていました。ところが1960年前後には競技者層が厚くなり、出場人数が増加したため、東京五輪からは8レーン、8人でレースをおこなうことになったのです。

そこで問題になったのはスターターが立つ位置です。スターターが競技者の不正を確認するためには競技者全体がよく見える場所に立つ必要があります。たとえば、400m走の場合でもっともしっかりと見渡せる位置にすると、1レーンと8レーンでは音が聞こえる時間に差が生じます[1]。[図45-1]

100m走では1レーンと8レーンには約8m、200m走では約27m、400m走では約47m、4×400mリレーでは約66mもの距離差が生じます。

音速を331.5m/sとすると、それぞれの距離差を音速で割れば時間差が求まります。

＊1　参考：「ガー」の後「ドン」　二重に聞こえた東京五輪の号砲（スタートのテクノロジー（3）北岡哲子　日本文理大学特任教授）　https://style.nikkei.com/article/DGXMZO15431170Y7A410C1000000?channel=DF220420167276&nra

■図45-1　400 m走のスターターの立つ位置と走者との距離

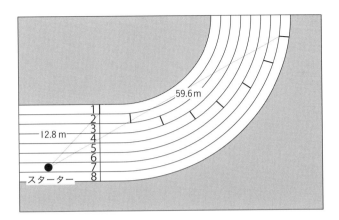

　それぞれ約0.023秒、0.079秒、0.137秒、0.192秒の音の到達時間差が生じてしまうのです。競技者は、その音が耳に届くまで体を動かしませんからその時間差は不公平になります。

　これまでの男子100メートル競走の最高記録は、ジャマイカのウサイン・ボルト選手が2009年8月16日に樹立した9秒58です。つまり、公式記録は0.01秒単位で残ります。0.01秒単位で争っているのですからこれは大問題です。

　そこで2010年のバンクーバー五輪から、スターターピストルを火薬の爆発方式から電子式に変えました。この電子式のスターターピストルの引き金を引くと、スターターピストルからは音は出ないで、電気スイッチが入ります。すると、電気信号が各レーンのスターティングブロックに内蔵されたスピーカーまでほぼ光

の速さで送られます。そして各レーンの選手の後ろにあるスピーカーから同時に音が出るようにしたのです [図46−1参照]。

◎ **音の速さ**

　私たちの耳に入るほとんどの音は空気を伝わってきたものです。気温が高く、空気中の温度が高いほうが空気分子が激しく動き回るので、隣の分子に音波を伝えるのが速くなります。逆に気温が低く、空気中の温度が低ければ、隣の分子への伝達は遅くなります。空気中の音の速度は、次の式で求めることができます。

$$音速 \; [m/s] \; = \; 331.5 + 0.6 \times 気温（℃）$$

◎ **音は固体や液体中も伝わる**

　プールの中で人の声が聞こえるという経験をした人がいるかもしれません。これは水も空気と同じように振動を伝えることができるからです。

　音は液体の中でも固体の中でも伝わります。水は空気よりも4倍、鋼鉄は15倍速く音を伝えます。

　オリンピックの競技の中に、アーティスティックスイミング[*2]という競技があります。音楽に合わせて、水面や水中での華麗な動きを競う競技です。

　この競技では、水中用のスピーカーで水の中にも音楽が流れるようにしています。選手は、水の中でも音楽を聞きながら演技をしているのです。

＊2　2018年4月よりシンクロナイズスドイミングを名称変更。略称は「アーティスティック
　　ク」や「AS」。

46 スターティングブロックは 何の役に立つの?

国際的な陸上競技のうち、400 m までの競走競技ではスターティングブロックを必ず使わなければなりません。これは選手だけでなく、審判の役にも立っています。

◎ 2つのスタート方法

走ることが主となる陸上競技には、競走競技やハードル競技、障害物競走などの種目があります。これらの競技のうち、400 m 以下の競技ではスターティングブロックを使ってかがんだ(クラウチした)姿勢からスタートするクラウチングスタートを、それ以外の競技では立った姿勢からスタートするスタンディングスタートをすることになっています [図46-1]。

■図46-1 スターティングブロック

スターティングブロック

前項で紹介したスタートの号砲が鳴るスピーカー

今では当たり前のようになっているものの、第1回のアテネオリンピック（1896年）でクラウチングスタートをしたのは米国のT・バーク選手、ただ1人でした。バーク選手が同大会で100 mを12秒0で走って優勝したことを受け、クラウチングスタートは世界的に普及しました。

　現在のスターティングブロックは金属でつくられていますが、1900年頃にはそのような器具はなく、選手たちは自分で穴を掘って足場をつくっていました。そのくらい、速く走るためにはクラウチングスタートが必要だと考えられていたのです。

◎ 進む方向と力を加える方向

　クラウチングスタートをすることの大きなメリットは、人が力を加え、その反作用として地面から受ける力（推進力）の向きと、実際に進む向きを近づけられることにあります。どんなに大きな力でも、向きが違ってしまうとそれは進むための力にはなりません ［**図46 - 2**］。

■図46-2　地面からの反作用で前に進む

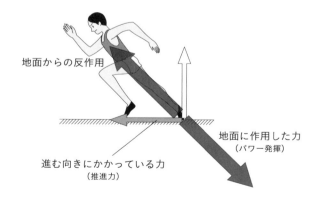

地面からの反作用

地面に作用した力
（パワー発揮）

進む向きにかかっている力
（推進力）

　たとえば、ふつうに立った状態から進もうとしても、足の裏が地面についたままの状態では困難です。まずは母指球のあたりで足を折り曲げて、それから蹴る必要があります。このようにして、ふつうに歩くときでも、地面に角度をつけて蹴り込んでいるのです ［図46－3］。

■図46-3 「歩く」の分解

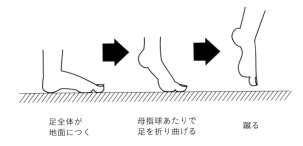

足全体が　　　　　　母指球あたりで
地面につく　　　　　足を折り曲げる　　　　蹴る

　では、スタートのときに最初から足を折り曲げた形でスタートすればよいかというと必ずしもそうとはいえません。やりすぎると滑ってしまうのです。
　滑らないようにするための摩擦力は、地面をまっすぐ上から押し込む力に比例します。力をかける角度が急になりすぎてしまうと、地面を上から押し込む力が減ってしまうので摩擦力が小さくなってしまいます。
　そこで、スターティングブロックの登場です。最初から足を傾けることができ、ブロックには鉛直に力を加えるので、滑る心配なく、効率よく蹴り出すことができるのです。スタート直後から

素早い加速ができるので、「ロケットスタート」ともよばれます。

◎推進力を強くする靴

別の視点から推進力を強くする工夫もあります。それは靴です。

2020年の箱根駅伝では、出場者の84％もの選手が同じ靴を履いていました[*1]。その靴は内部構造にばねのようにはたらく機能を持たせることで、より強い力で蹴り出せるように工夫された靴でした。区間賞の受賞者全員が履いていたというほどの影響力です。

しかし、履けば誰でも速くなるわけではなく、蹴るタイミングがずれるため、この靴を使いこなすためには特別な練習が必要です。

◎ フライングの発見

スターティングブロックは選手のスタートを助けるだけではなく、フライングを発見するためにも使われています。

選手がスタートをするときにはスターティングブロックを踏むので、ブロックにかかる圧力が変化します。スタートの合図はすでにデジタル化されていますから、この圧力の変化を検出して、スタートの合図が鳴ってから選手が動き始めるまでの時間であるリアクションタイムを計測することができます。

このリアクションタイムが0.1秒を下回った場合、フライングしたとみなされます。0.1秒が基準となっているのは、人間が音を聞いてから反応するまでには少なくとも0.1秒はかかるとされているからです。

[*1] 「ナイキ ズーム X ヴェイパーフライ ネクスト％」という厚底の靴。クッション性を重視しつつ、反発があり、推進力を発揮できることが特長。速く走るだけではなく、足へのダメージを軽減させることができるという。

47 マラソンで人の後ろを走るメリットはどのくらいあるの?

マラソンのような長距離種目やアイススケートのパシュート、自転車競技などでは、数人の選手たちがまとまって走っているようすがよく見られます。どんなメリットがあるのでしょうか。

◎ 速く走ると強くなる空気抵抗

ゆっくり歩いているときと速く走っているときでは、走っているときに強く風を感じます。このとき、空気の中を動くことで体にかかってくる空気抵抗は速度の2乗に比例します。つまり速く動けばそれだけ強く抵抗を受けるのです。

たとえば、自転車で走っているときに、速度が上がるほど強く風を感じますね。またもっと速度が大きなスカイダイビングでは、落下の最大時速は 200 km ほどにおよびます。これほどの速度だと、風の勢いで肌が揺れ動かされるようになります。

◎ マラソン選手の感じる風

マラソン選手はどのくらいの速さで走っているのでしょうか。2016年のリオデジャネイロ五輪のマラソンで優勝したエリウド・キプチョゲ選手(ケニア出身)は 42.195 km を2時間8分44秒でゴールしています[*1]。これは秒速 5.5 m、時速では 20 km です。

一方、2018年度にスポーツ庁が公表したデータによると、中学1年生の 50 m 走の平均タイムは8.42秒です。これを速さに換算すると、秒速 5.9 m、時速では 21 km です。

時速 20 km は一般的な自転車(ママチャリ)を全力でこいでい

[*1] キプチョゲ選手は、2018年のベルリンマラソンで2時間1分39秒の世界新記録を打ち出した。また非公認記録として、2019年10月にウィーンでおこなわれた特別レースで、フルマラソン史上初の2時間切り(1時間59分40秒)を記録している。

るときの速さと同じくらいです。つまりマラソン選手は、私たち
が全力でママチャリをこいでいるときに感じるのと同じ程度の風
を受けながら走っているのです。

◎ 風よけとしての集団走

　風を感じているということはそれだけ抵抗を受けている、とい
うことでもあります。となると、風を防いでくれる人が前を走っ
ていれば、それだけ風による抵抗が軽減されます。走るときのポ
ジションによっては、およそ10分の１程度にまで風の抵抗を減ら
すことができるといわれています[2]。

　これを活用すると、レースで何人かが同じような速さで走って
いるときでも、前の選手に風よけになってもらうことで体力を温
存して、ゴール直前で一気にトップに踊り出ることができること
になります。

　このような作戦は「ドラフティング」とよばれています。トラ
イアスロンの自転車競技やアイススケートの個人競技のようにド
ラフティングが禁止されている競技もあれば、マラソンや水泳の
オープンウォーター競技、アイススケートの団体パシュート（3
人1組で先頭を交代しながら滑る）のように、いかにこの体力温存を
うまく活用していくかがポイントになる競技もあります。

◎ スリップストリーム

　マラソンのように人間が走る程度の速さでは「風よけ」の効果
しかありませんが、自転車競技やアイススケートのスピード競技
のように、とても速く走っている場合には、さらに別の効果が発
生します。とても速く走っている物体があると、その物体の真後

＊2　工学院大学 伊藤慎一郎教授らによる研究。

■図47-1　スリップストリーム

質量の大きい物質に
空気が押しのけられる

気圧の
低い空間

ろでは急激に空気が押しのけられた分、気圧が下がり、そこに空気の渦ができ、後ろにある物体がこの渦に吸い込まれる、という現象が起こるのです。これを**スリップストリーム**といいます［図47 - 1］。

　カーレースでもスリップストリームを利用して自車の負担を軽くするワザが使われます。

　しかし、こういった運転技術は極めて高いレベルで熟練したドライバーの競技上のテクニックです。私たちの生活上では、スリップストリームを活用しようなどと考えると、車間距離を詰めすぎて事故を起こしてしまう恐れがあるのはいうまでもありません。

48 水泳で一番スピードが出ているのは どのタイミング？

水泳には自由形、平泳ぎ、背泳ぎ、バタフライ、個人メドレーの5種目がありますが、どの競技でも飛び込んですぐに腕を回し始める選手はいません。

◎ 水泳で重要な力

水泳選手がスタートしてからゴールするまで、一番速く泳いでいるのはいつでしょうか。選手は腕を使って進む力をつくり出し続けていることを考えると、ゴール直前が一番速そうです。しかし、実はスタート直後が一番速いのです。

泳いで進むときには、大きく分けて2つの力がかかわっています。1つは水を押し込むことによって得る**推進力**、もう1つは水から受ける**抵抗**です［図48-1］。

■図48-1 推進力と抵抗

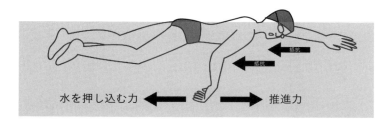

水を押し込む力　抵抗　抵抗　推進力

　私たちが歩くときや走るとき、速く動けばそれだけ空気からの抵抗を強く受けます。水中を動くときも同じように、速く動けばそれだけ強く抵抗を受けます。しかし、この強まり方には違いがあり、**空気からの抵抗は速度の２乗に比例**するのに対して、**水中では速度の３乗に比例**します。結果として、陸上の100ｍ走ではスタート時点からの姿勢の変化や疲れなどさまざまな理由で60ｍ付近がもっとも速いのに対して、水泳では抵抗の影響が大きすぎて、どんな一流選手でも、スタート直後が一番速くその後はどんどん遅くなるのです［**図48 - 2**］。つまり、速く泳ぐには抵抗を減らすことがとても重要になるということです。選手が飛び込んですぐに腕を回さないのは、抵抗を減らすためなのです。

■図 48-2　陸上と水泳の距離と速度の関係

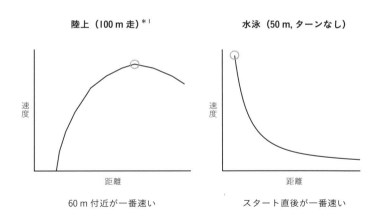

陸上（100ｍ走）*1　　　　　　水泳（50ｍ, ターンなし）

速度　　　　　　　　　　　　速度

距離　　　　　　　　　　　　距離

60ｍ付近が一番速い　　　　スタート直後が一番速い

＊1　日本陸上競技連盟公式サイト（2020 年 6 月閲覧）より改変
　　　https://www.jaaf.or.jp/news/article/11327/

◎ 水泳で受ける３つの抵抗

　水泳で受ける抵抗には３つの種類があります。それぞれ、①形状抵抗、②造波抵抗、③摩擦抵抗とよばれます［図48‐3］。

　１つめの**形状抵抗**は正面から受ける水によって受ける抵抗のことをいいます。選手が泳いでいくときには必ず水にぶつかりながら進んでいきます。このぶつかる水の量が多ければ多いほど、それだけ抵抗も大きくなります。つまり、足が沈んでいる人ほど、形状抵抗を大きく受けることになるのです。もちろん、体が右や左にそれてしまってもいけません。

■図 48-3　水泳の３つの抵抗

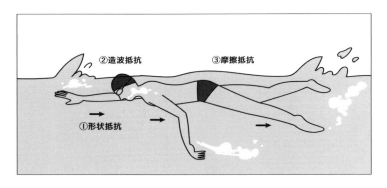

①形状抵抗：水中を進むときの姿勢と体の大きさによる抵抗
②造波抵抗：泳者がつくる波の抵抗
③摩擦抵抗：皮ふと水との接触による抵抗

　水泳では、できるだけ足を沈めず、左右にもぶれない姿勢である「ストリームライン」をとることがとても大事だといわれます。その理由が、この形状抵抗を小さくするためなのです。魚の形である流線形はまさにこの形状抵抗を小さくした形です [**図48 - 4**]。

■**図 48-4　水の抵抗と泳ぎ**

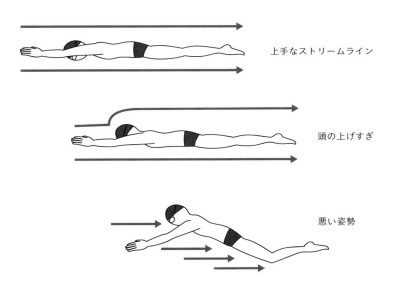

上手なストリームライン

頭の上げすぎ

悪い姿勢

2つめの抵抗は**造波抵抗**です。水面に波ができるとそれが抵抗になります。

　頭や体でも水を押しのけるときには波をつくりますし、泳ぐときに回す腕でも、一度水上に出して再び水中に入れるときに造波抵抗が生じます。そのため腕を回す回数を減らすために、1かきで進む距離をできるだけ伸ばす工夫が必要になります。

　極端なことをいうと、水面に出てこがずにずっと潜っていれば造波抵抗を受けなくて済む、ということになります。

　実際に、1988年のソウルオリンピックの背泳では鈴木大地さんが30ｍも潜り続けて優勝しました*²。水泳競技の中継で、「潜れ！」というコメントが何度も出てくるのは、この造波抵抗を減らして速く泳げ、という意味なのです。

　3つめは**摩擦抵抗**で、皮ふと水や、毛と水などの間で生まれる抵抗です。これはトレーニングで対応することはできませんが、剃毛や水着、キャップなどで克服しています。

　2009年の世界水泳で37個もの世界新記録を出して話題となった水着は、男女問わず全身をおおい、ゴム生地などを貼りつけた、摩擦抵抗を極限まで抑える水着として有名になりました（現在は使用が禁止されています）。現在の競技用水着は足を引き上げるサポートをする工夫がされており、1つめの形状抵抗が減らせるようになっています。

＊2　現在ではルール改正がおこなわれ、潜ってよいのは壁から15ｍまでとなっている。

49 氷の上をスケートが滑る理由はよくわかっていない？

スピードスケート、カーリングなど、氷の上でおこなわれるウインタースポーツは多いもの。しかし意外なことに「なぜ氷の上で滑るのか」はまだよくわかっていないのです。

◎ 氷に圧力がかかると融けて水になる説

最初に提案され、長い間信じられた圧力融解説は、氷が圧力を加えることで融けることから出されました。これは**図49-1**のような復氷の実験で確かめることができます。

細い糸の両端に水入りペットボトルを取りつけ、氷にかけます。しばらくすると糸は氷にくい込んでいき、やがて氷を通り抜けていきます。ここでも、氷は2つに割れるのではなく、もう一度くっついています。糸が氷にくい込んでいくのは、ペットボトルの重さで引っぱられる糸からの圧力によって、その部分だけ融点が下がって氷が融けるからだと考えられます。

糸が通り過ぎて糸からの圧力がなくなると融点が元に戻り、水が再び凍って氷がくっついたというわけです。このように、圧力で融けた氷がその圧力を取り除かれたとき再び氷に戻ろうとする現象を「復氷」といいます。

この現象には、氷の密度が水よりも小さい（氷が水に浮く）ことが関係しています。氷に「圧力をかける」ということは圧縮して密度を高くすることなので、氷にかかる圧力が大きくなるほど、氷よりも密度の高い水になろうとして、氷の融点が下がると考えられます。

ペットボトルの上下（両端）
に細い紐を結び、氷にぶら下
げて氷に圧力をかける

　圧力で氷の融点を 1 ℃下げるためには 120 気圧の圧力が必要に
なりますが、スケートの刃から氷にかかる圧力は約 500 気圧に
も達し、融点は約 3.5 ℃下がると概算されます。

　しかしこの説では－3.5℃より低い温度では氷は融けないこと
になります。フィギアスケートは－5.5℃、スピードスケートは
－ 7 ℃が最適とされているため、条件が合いません。

◎ スケートと氷の摩擦で発生する熱で氷が融ける説

　次いで出された説が、スケートの刃と氷の表面との接触で生じ
る摩擦熱によって氷が融けるというものです。この説は、多くの
学者に支持され現在でもスケートが滑る有力な理由と考えられて
います。

　ところが、この説にも欠点があります。「液体の水が生じて、
その水が潤滑剤の役目をするということになりますが、滑りがよ
くなれば摩擦は小さくなり、摩擦熱が発生しなくなるのではない

か」という矛盾が出てくるので、動かないように立っているだけ
でも滑りやすい理由はうまく説明できません。

◎ 氷は圧縮に強いが、ずれには弱いからだという説

　これは1976年に対馬勝年さん（雪氷物理学）が提唱したものです。
「氷が上から押す力に対してはかなり強いが、横向きの力に対し
ては弱く、容易に壊れるために滑る。これは、氷をつくる分子は
上から見ると六面体を何重にも敷きつめたような構造をしている
からだ。スケートの刃による横向きの力で氷の分子構造が容易に
ずれてしまうので氷の表面は滑りやすくなる」というものです
[図49－2]。

■図 49-2　水素結合でつながってすき間の多い構造をとる氷の結晶

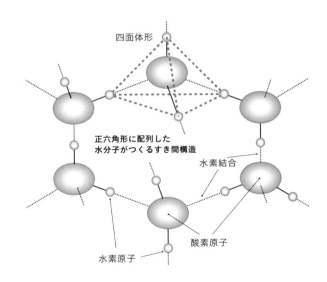

四面体形

正六角形に配列した
水分子がつくるすき間構造

水素結合

酸素原子

水素原子

とりわけ、氷の六角柱結晶の軸に垂直な面が滑りやすくなります。

　そこで、対馬さんは、1998年の長野オリンピックのときに、六角柱結晶をきれいに敷き詰めて摩擦を小さくした氷筍リンク^{*1}という壮大な試みをおこないました。その結果、清水宏保選手^{*2}がリンクレコードをつくり、国体では 31 種目中 26 種目で大会新記録が出るなどの成果につながりました。

◎ 氷表面の水分子は結合がゆるくて動きやすいという説

　2018年に、氷が滑る理由を分子レベルで調べた論文「氷の滑りやすさの分子的洞察」が発表されました。

　氷は通常水分子が他の３つの水分子と水素結合でつながり、整った結晶を形作ってできています。

　しかし、この論文によると、０℃をはるかに下回る低温では、氷の表面の水分子は２つの水分子としかつながれずにいます。そして氷の表面の水分子が転がって、自由に互いに引っついたり離れたりできる状態になっているとしています。氷の表面はまるでダンスフロアにベアリングボールがばらまかれている状態になっているといいます。

　もともと氷の表面には気温が零下でも薄い水の層があるという説がありましたが、この論文の著者は、「３次元的な液体というよりも２次元的なガス」に似ていると述べています。

　スケートが滑るわけには、このようなさまざまな説が出ていて完全に決着がついたとはいえない状態です。

＊１　氷筍とは、水が滴り落ちてできる「氷のたけのこ」。氷筍リンクは単一の結晶を育ててそれを滑りやすい面に沿って切り出し、多数並べたものである。
＊２　1998 年長野五輪で金メダル１個、銅メダル５個を獲得。

50 フィギアスケートの5回転ジャンプは どのくらい難しいの?

フィギュアスケートで最初はゆっくり回っていたのに、回転が続くうちに速くなることがあります。よく見ると、回転の速度によって腕の状態が違うことに気づきます。

◎ 腕を組んだり伸ばしたりして回転速度をコントロール

フィギュアスケートの選手は、回転ジャンプやスピンをするとき腕を組んだり頭上に伸ばしたりして、回転の加速や減速をコントロールしています。こうした加速原理の基礎には意外にも天体の運行の法則と共通する物理法則があります。それはドイツの物理学者ヨハネス=ケプラーが発見した**面積速度一定の法則**[*1]です。太陽とそのまわりを回転する惑星を結ぶ直線が、単位時間に描く扇形の面積は常に一定なため、惑星の速さは太陽に近いときは速く、遠いときは遅くなるというものです〔**図50-1**〕。

■**図50-1　太陽と地球（面積速度一定の法則）**

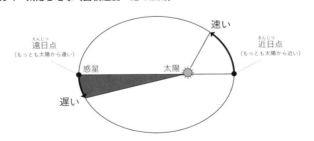

太陽を頂点とする扇形の面積は常に等しい
（矢印部分の通過時間は同じになる）

＊1　物理では「角運動量保存の法則」とよんでいる。

◎ 面積速度一定の法則とスピン

　面積速度一定の法則は、簡単な実験で確かめることができます。細い管に通した紐の先端に物体を取りつけ、管を持って物体を回転させます。力の入れ方を変えずに物体を回転させながら、管から出ている紐の長さ（回転半径）を短くすると、物体の回転が速くなります。反対に、出ている紐を長くすると回転は遅くなります［**図50 - 2**］。

　これはフィギュアスケートの選手の腕の状態と同じですね。たとえばスピンの演技中には、最初は広げていた腕を胸元にぐっと引き寄せて回転半径を小さくして加速し、逆に腕を伸ばすことで回転半径を大きくして減速しているのです。ジャンプで着氷するときやスピンを終えるときに両手や脚を広げるのも、バランスをとるためだけでなく、減速して回転を止めやすくする効果もあると考えられます。

■図 50-2　面積速度一定の実験・フィギアスケートのスピン

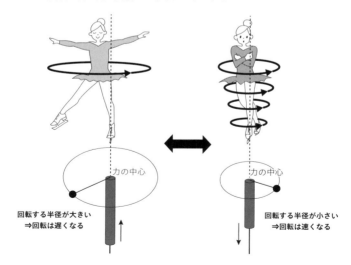

◎ ジャンプの種類

　ジャンプの種類は踏み切る足と回転数によって区別されます。2020年1月現在でもっとも回転数が多いのは4回転ジャンプで、踏み切る足によってトゥループ→サルコウ→ループ→フリップ→ルッツ→アクセルと難度が上がります。唯一前足で踏み切るアクセルの4回転はまだ世界で誰も成功していません [**図50-3**]。また、いずれの踏み切り足の「5回転ジャンプ」の成功者もまだ現れていません[*2]。

■図50-3　アクセル

唯一前向きの
まま踏み切る

4回転アクセルは世界で1人も成功していない

◎ 5回転ジャンプを跳ぶためには？

　羽生弓弦選手の4回転ジャンプは、跳躍高が60 cmに迫り、滞空時間は0.73秒におよぶそうです。また、人間が1秒間に空中でできる回転数の限界は7回だという見解があります。そこに羽生選手の滞空時間の約0.73秒を当てはめると「7回×0.73秒＝5.11

＊2　羽生結弦選手は2018年平昌五輪後の記者会見で、「4回転半は、2回転しながら4重飛びをする感じ。5回転は、3回転しながら5重飛びをするような感じです」と縄跳びにたとえて4回転アクセルと5回転の難しさを紹介した。4回転半アクセルは「自分の夢」と話している。

回」となり、5回転ジャンプも決して夢ではないとことがわかります。

　また、回転数の限界に迫る以外にも、「0.8秒以上」の滞空時間を生み出せば5回転ジャンプが可能になるという考え方もあります。その考え方に従うと、あと「0.1秒」です。助走速度を速くしたりジャンプ力を高めたり、あるいは助走からジャンプへエネルギーを無駄なく変えたりする技術を突き詰めれば、この「0.1秒」を生み出せるのかもしれません。

　現行のルールでは、4分の1回転未満なら回転が足りなくてもジャンプは成立とみなされるので、空中で4.75回転できれば「5回転成功」になります［図50-4］。

　近年のフィギュアスケートのレベルアップは男女を問わず目覚ましいものがあります。4回転アクセルや5回転ジャンプが夢ではなくなる日もそう遠くないのかもしれません。

■図50-4　5回転ジャンプの条件

①1秒間あたり7回の回転速度（＝人間の限界）で0.73秒間跳ぶことができれば5回転

②60cm以上跳び上がり、1秒間あたりに6回以上の回転速度で滞空時間「0.8秒」を生み出すことができれば5回転

51 棒高跳びであんなに高く跳べるのはなぜ？

棒高跳び[1]でバーを越えるには、いかに重心を体の下方に離すかが大切です。もちろんポールの弾力性も重要で、最先端素材研究の発表の場でもあります。

◎ バーをクリアするための各プロセス

棒高跳びという競技は、**図51-1**で示したように3つの過程に分けて考えることができます。まずは、①②踏切まで走り込む運動エネルギーをポールの弾性エネルギーに変える過程、そして③④その弾性エネルギーを体の位置エネルギーの増大に変える過

■図51-1

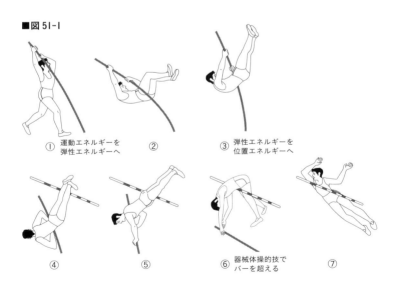

① 運動エネルギーを
弾性エネルギーへ
②
③ 弾性エネルギーを
位置エネルギーへ
④
⑤
⑥ 器械体操的技で
バーを超える
⑦

＊I　陸上競技での正しい表記は「棒高跳」である。

程、最後に⑤⑥⑦巧妙な屈伸をする「器械体操的技」過程です。とりわけ②から③および④から⑤への切り替えが大切です。

◎ ポールとして竹・鉄・グラスファイバーの変転

走り高跳びに棒を使う競技は昔からあったようで、19世紀にはヒッコリーという硬い木の棒が使われていました。その後、よりしなやかな竹に変わっていきました。そしてこの競技は1904年の第1回近代オリンピック（ギリシア、アテネ大会）で採用されました[*2]。やがて、ポールの材質は丈夫な鉄に変わりましたが、記録はそれほど伸びず、高さ4 m 87 cm（16フィート）の限界があるとされていました。

ところが、20世紀半ばから、弾力性に富んだグラスファイバー（ガラス繊維）製[*3]が導入され、どんどん記録が伸びました。現在の世界記録は6 m 18 cm（室内での記録）です。このように、記録更新の歴史はポール改良の歴史でもあります。

◎ 力学的エネルギー保存の法則

ここで①と③の過程における力学的エネルギー保存の法則を考えましょう。質量 m の選手が速さ v で走ると運動エネルギーは $(1/2) mv^2$ です。これがすべて、弾性エネルギーを経て位置エネルギーに変わるとすると、mgh になります。ここで g は重力加速度、h は高さです。これらから保存法則は $(1/2) mv^2 = mgh$ となります。

ここから $h = v^2/(2g)$ が得られます。質量 m には依存しません。この競技には体重差は現れないことになります。ここへ $g = 9.8$ m/s^2、$v = 10 m/s$ を代入しますと、$h = 5.1 m$ になります。

---

*2　とくに1936年のオリンピック（ドイツ、ベルリン大会）での西田修平、大江秀雄の銀銅メダル分け合いの話が有名（記録は4 m25）。日本では質のよい竹が入手しやすかったため盛んだったともいわれている。

　ここで選手の重心が地上から1.0 mにあるとします。すると、クリアする限界の高さは6.1 mになります。ポールの弾性力を充分に引き出したとしても、エネルギー保存の法則には従わなくてはなりません。ところが世界記録はそれより上です。なぜでしょうか。

◎ 器械体操的技

　ここで図51−1−⑥を見てください。バーをクリアするところをよく見ると、体の重心はバーより低い位置にあることがわかります。ここでは、巧妙な「器械体操的技」過程を使っています。それは、体のバランスを保って鉛直上方へ体を上げていったあと、重心がバーに近づいたら、体をひねって足をバーの向こう側へ放り出すプロセスです。

　その際、体をすばやく折って、お腹を真下にしてほぼ直角に曲げます。これによって体の重心が体の外（つまりお腹の側）へ出されます。

　ここで、選手の身長を180 cm、折り曲げ角度を90度とすると、体の重心はバーから15 cmも下にあります。その折り曲げた姿勢のまま体がポールを巻くように反時計回りに半回転させるのです。

　皆さんもぜひ、このドラマティックで華やかな競技を見ながら物理を考える醍醐味を味わってみてください。

＊3　繊維を熱硬化性プラスチックなどの中に分散して成型・硬化させたもの。GFRP（ガラス繊維強化プラスチックス）という。ポールとしては、ほかにカーボンファイバー（炭素繊維）による製品、CFRP（炭素繊維強化プラスチックス）も使われている。1962年の世界陸上で4 m87 cmの記録を破ったときのポールがグラスファイバー製だった。

第7章
「球技」
にあふれる物理

52 ボールを遠くに投げるにはどの角度で投げたらいい？

小学校の体力測定のソフトボール投げ。得意な人と不得意な人が分かれます。果たして距離を伸ばすコツはあるのでしょうか？物理的に考えてみましょう。

◎ 放物線を描いて飛ぶ

「物を投げると、どんなふうに飛ぶか？」という問題は、17世紀に大砲の弾の飛び方を調べる弾道学として盛んに研究されました。標的に正確に当てるためにどこを狙えばいいのかを知るためでした。

物を投げると大砲の弾でも子供が投げたボールでも、**図52-1**のような曲線を描いて飛びます。この曲線を**放物線**といいます。

■図 52-1　物の飛び方は放物線

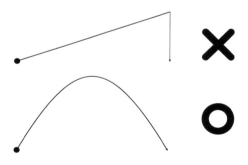

物は必ず放物線を描いて飛んでいく

◎ 投げ出す角度が大事

ボールを水平方向に投げると、重力がはたらいてすぐに地面に落下してしまいます。だからといって、真上に投げてしまうと、落ちてくるまでに時間はかかるものの、同じ場所に落ちてくるだけで飛距離はゼロです。

遠くに投げたければ、斜め上方向にある程度の角度で投げて、落下するまでの時間をかせぎつつ、水平方向にも飛ばすのがよいということになります。

空気抵抗を考えなければ、一定の速度で投げる場合には、**地面から45度の角度で投げたときにもっとも遠くまで飛ぶ**ことがわかっています [図52 - 2]。

また投げ上げる角度が同じなら、最初の速度が速いほうがボールは遠くまで飛びます。

■図52-2 投げる角度と飛距離

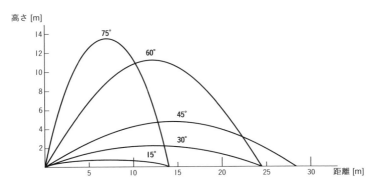

同じ初速度 60 km/h で地面からさまざまな角度でボールを投げ上げたときの軌跡。角度が 45 度のときにもっとも遠くまで飛ぶ。

◎ 空気抵抗がはたらくとき

　空気が飛ぶものの邪魔をしてブレーキをかけ、速度を落としてしまうのが**空気抵抗**です。速度が速いものほどたくさんの空気にぶつかるので、空気抵抗の影響を受けます［**図52 - 3**］。また、断面積が大きく重さが軽いものほど空気抵抗は速度に大きく影響を与えます。

　100 km/h の速度でボールを投げ出したとき、空気抵抗の影響で速度が半分になるまでの飛距離を計算した結果が参考文献[*3]にあります。野球のボールの場合は130 m だそうです。

■図 52-3　空気抵抗を考慮したボールの軌跡

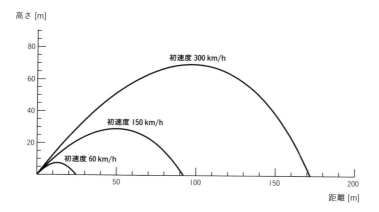

　野球のボールを 60 km/h、150 km/h、300 km/h の初速度で
　水平から 45 度の角度で投げ上げたときの空気抵抗を考慮した軌跡。
　初速 300 km/h のときには放物線よりもいびつな形だが、
　60 km/h のときには放物線とほとんど区別がつかない。

＊3　参考文献：牧野淳一郎『とんでる力学』2005 年（丸善）

　つまり、ピッチャーからバッターまでの距離（18.44 m）では、ほとんど速度は落ちず、外野にホームランを打ったときや、外野からの返球には影響が出るということです。

　一方、ピンポン玉はわずかに6.6 mで速度が半減してしまいます。これは卓球台の長さが2.74 mであることを考えると、少し影響がある程度だといえるでしょう。いずれにしても、飛距離がそれほど大きくない場合は気にしなくていいことになります。

◎ ヒトが投げる能力

　他の動物に比べ、ヒトがも物を投げる能力はその距離と正確さで際立っているそうです。2本足で歩行するようになったので、腕を大きく振って力を込め、小石程度の重さのものなら遠くに投げることができるようになりました。

　引退したイチロー選手のホームへの返球は、速さと正確さが際立っていました。投げ出す初速は約150 km/h（約40 m/s）もあったといわれています。これだけの初速があると、投げ出す角度は17度程度でも外野からホームまでの 約90 m をバウンドすることなく投げることができます。

　以上が、物理の力学の立場から見た、ボールを遠くに投げるコツです。

　ただし、実際のボールを思ったように遠くに投げるためには、理屈だけでは足りないことはいうまでもありません。

53 投げたり蹴ったりするボールを 曲げる原理はどうなっている?

> 球技の醍醐味の1つが、「ボールを曲げること」ではないでしょうか。ボールを回転させることで軌道を曲げる「マグヌス効果」について見ていきましょう。

◎ オリンピックゴールとは

サッカーでコーナーキックしたボールが誰にも触れずダイレクトにゴールに飛び込むことを「オリンピックゴール」と呼んでいます。1924年のパリ五輪で優勝したウルグアイのチームに対し、涙をのんだライバルのアルゼンチンが、同年、別の試合で雪辱を果たしたときの劇的な得点がこれでした[*1]。

ところで、コーナーから見ると2本のゴールポストは完全に重なって見えます。ふつうに考えれば、コーナーから蹴ったボールをそのままゴールに入れるのは難しいはずです。ですから、ゴール前の味方選手にパスを渡して、ヘディングやキックでゴールを狙うほうが一般的です。

◎ マグヌス効果

ボールが飛んでいく空間には当然「空気」があります。空気中を飛ぶボールが回転していると、ボールは空気から進行方向と直角に力を受けて曲がります。これを**マグヌス効果**とよびます。

ボールが受ける力の向きは、ボールの前面の回転方向と同じと覚えておくとよいでしょう。ボールが受ける力は、粘性により空気がボールの表面に引きずられて、ボールの後方で曲げられる反

[*1] 五輪優勝チームから奪ったゴールだから「ゴル・オリンピコ」とよんだのが由来で、命名の舞台は実はオリンピックの試合ではなかった。

作用として生じます［**図53-1**］。

オリンピックゴールを決めるためには、コーナーキックをする選手はボールのやや外側（ゴールから遠い側）を強く蹴って、期待する軌道のカーブと同じ向きに強いスピンを与えればいいわけです。とはいえ、飛距離や角度も絶妙でなければなりませんから、やはり「神業」といえるでしょう*2。

■図53-I　**コーナーキックとマグヌス効果**

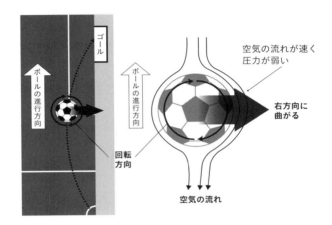

◎ **卓球の醍醐味**

卓球は五輪種目の中ではもっともコンパクトな球技ですが、ピンポン球が軽ければこそ、マグヌス効果をはじめとする力学的効果が顕著に表れて、そのスピード感とともに、高度な技を楽しむことができるスポーツです。

＊2　参考：マグヌス効果の実験 "Backspin Basketball Flies Off Dam"
　　　https://www.youtube.com/watch?v=2OSrvzNW9FE

ラケットで球の上側をこするようにして「ドライブ」回転（トップスピン）をかけるとネットを越えた球は急に落ちます。逆に「カット」するとバックスピンがかかって球筋が伸び、相手の手元に食い込んでバウンドします［**図53 - 2**］。いずれもマグヌス効果によってボールのコースが変化したのです。強い回転がかかっているとバウンド時にも反射の角度が変化します。これらが卓球の醍醐味です。

　オリンピック級の卓球はだまし合いの世界だといっても過言ではないでしょう。球を打つ瞬間の微妙なラケット操作で打球のコースとともに球の回転を制御して、マグヌス効果でコースを変化させ、さらにバウンド時の反射角を変えます。受ける側は球筋を見てからでは間に合わないので、インパクトの直前の相手の動きを見て、インパクト時の音からもコースを予測して瞬時に反応します[*3]。

■**図 53-2　卓球のドライブとカット**

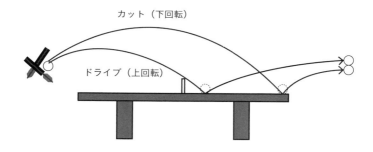

カット（下回転）

ドライブ（上回転）

＊3　参考：「卓球の物理学」https://pp-physics.com/

◎ 野球のピッチャーもマグヌス効果を利用する

　野球の世界でもマグヌス効果が多用されます。野球はバットが比較的細いので、投球コースを少し変化させるだけでも打撃をかわすのに効果的です。そこで、打者の目をあざむくために変化球がよく使われます。

　トップスピンをかけて投げれば、マグヌス効果により球はより早く落ちます。

　カーブはトップスピンが強い「落ちる」球種です。球に水平回転を与えれば、左右に曲げることもできます。また、投手の利き手方向へコースをそらす回転をシュート回転、逆をスライダー回転とよびます [図53 - 3]。

■図 53-3　野球の主な球種（右投げの場合）

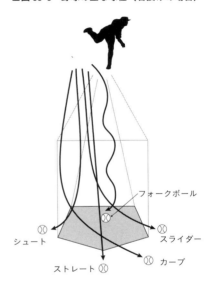

フォークボール

シュート

スライダー

ストレート

カーブ

◎ 無回転の球筋

　一方逆の発想で、ボールに「回転を与えない変化球」もあります。回転しないことでボールの後ろに不規則な流れができ、球筋が微妙に揺れるのが、野球や卓球のナックル、サッカーの無回転シュートです。とりわけサッカーの無回転シュートは、どの方向に曲がるかわからないともいわれています。

54 ボールにスピンをかける意味って何？

> ラグビーやアメリカンフットボールでは、独特の楕円球で安定したパスをするために、ボールにスピンをかけます。コマが倒れないのと同じ「ジャイロ効果」を利用しているのです。

◎ 似て非なる球技

ラグビーとアメリカンフットボール（以下アメフト）はともにサッカーと同じルーツを持ちますが、そのルールや戦法はまったく異なる似て非なるスポーツです。両者の大きな違いはパスのルールです。

ラグビーでは自分より前にパスを出すと「スローフォワード」という反則になるので、左右のやや後ろへ下手投げでパスを出します。また、パスを受ける選手がボールをつかみ損ねて前に落とすと、「ノックオン」という反則をとられます。

これに対してアメフトは、前にパスを出してもよく、前方に向かって豪快な上手投げすることもあります。ただパスを受ける側はノーバウンドでパスをキャッチしなければならず、ボールを落とした場合は投げた場所から再スタートとなります。

◎ 楕円球にスピンをかける

このようにラグビーとアメフトはまったく違う球技ですが、一番の共通点はボールが球形ではなく、独特の形の楕円球を用いることでしょう*1。抱えて走るにはホールドしやすいのですが、投げるときは、ボールに変な回転がかかると受け止めるのが大変で

す。そこで、どちらの球技でもパスに活用されるのがボールに長
軸回りの回転（スピン）をかける技です。

　ラグビーでは近くにパスするときは回転をつけないパス（ス
トレートパス、並行パス）も使われますが、多用されるのは「スク
リューパス」という投法です。手首のスナップを効かせてひねり
出すように投げると、ボールに長軸回りのスピンがかかって、ぶ
れずに安定した姿勢で飛んでいきます。

　一方、アメフトでは上手投げでパスを出すときに、楕円球の長
軸を投げ出す方向に向け、長軸回りの強い回転を加えながら投げ
ます。これを「スパイラルをかける」といいます[2]。アメフトの
ボールには両側に白い帯が描いてありますが、正確にスパイラル
がかかったボールは、この白い帯がまったくぶれず、遠くから見
ていると回転しているとは思えないほどです。

◎ ジャイロ効果　〜多用されるコマの原理〜

　楕円球に長軸回りのスピンを加えると、ボールが姿勢を保って
飛ぶのは、回転しているコマが倒れないのと同じ理屈です。

　自由に回転しているものは、外から力がはたらかなければその
回転軸の向きや回転の勢いが一定に保たれます。これを**角運動量
保存の法則**といいます。回転軸を傾けようとする外力がはたらく
場合は、回転軸を振る「歳差運動（みそすり運動）」が起こります。
回転が速いほど歳差運動は小さくゆっくりになります。コマを回
すと、回転が速いうちはまっすぐに立って「眠りゴマ」の状態に
なりますが、回転が落ちてくるとみそすりが大きくなってやがて
倒れます［**図54 - 1**］。

　このように、回転する物体が、回転が高速なほど姿勢を乱され

＊1　ラグビーボールは、質量 400 〜 440 g、長さ 280 〜 300 mm、これに対しアメフトボー
　　ルは質量 397 〜 425 g、長さ 272 〜 286 mm で、ラグビーボールのほうが若干太く
　　重い。
＊2　英語で spiral は「らせん」のことで、ラグビーの screw と同じニュアンス。

にくいという性質を**ジャイロ効果**といいます。ラグビーのスクリューやアメフトのスパイラルは、このジャイロ効果を利用してボールの姿勢を安定させていたのです。

　ジャイロ効果はほかにもいろいろな場面で活躍しています。

　フリスビーも円盤に鋭い回転をかけることで、空気の流れに対して常に一定の姿勢を保ち、安定した揚力（空気から受ける上向きの力）を得ています。投げるときは回転軸が円盤に垂直になるように手首のスナップを効かせて投げるのがコツです*3。

　ロケットや人工衛星の姿勢の安定にもジャイロ効果が使われることがあります。機体にスピンを与えることで、回転軸を宇宙空間に対して一定の向きに維持することができます。空気抵抗のない宇宙ではスピンが長持ちし、経済的な姿勢安定法です。

　実は、わたしたちが住む地球も自転していて、地球自体が巨大なコマなのです。その回転軸はいつも北極星の方角を指しています。私たちが、北極星で北の方角を知ることができるのも、太陽が季節ごとに決まった高さから照らしてくれるのも、ジャイロ効果のおかげだったのです [**図54-2**]。

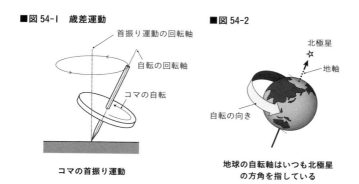

■図 54-1　歳差運動

首振り運動の回転軸

自転の回転軸

コマの自転

コマの首振り運動

■図 54-2

北極星

地軸

自転の向き

**地球の自転軸はいつも北極星
の方角を指している**

＊3　ヨーヨーのスーパーテクニックやディアボロ（ジャグリングで使う中国のコマ）、
皿回しなど、回転するものを扱う競技や曲芸ではジャイロ効果を使った例が少なくない。

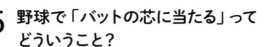

55 野球で「バットの芯に当たる」ってどういうこと?

「芯」にあたると球はライナーで飛んで行きます。手がしびれることもありません。その「芯」はバットに発生する振動と深い関係があります。その位置はどこかを考えてみましょう。

◎ 芯に当たったときの快感

プロ野球でホームラン王に輝いた名選手[1]の引退時の言葉に「ここまで現役バッターを続けてきたのは、カネや人気や名誉のためではないんだ。ボールがバットの芯に当たったときのピッシという『アッ、ホームランだ』という快感が忘れられないためだ」があります。

それほどまでに、バットの芯に当たった感覚は素晴らしいのですが、この言葉はまた一流のバッターでもバットの芯にピタリとあてるのは難しいということを意味しています。

◎ バットに発生する振動

バットで球を打つとは、バットの細いほうの端（グリップ）を握って振ることで、球をバットの太くなっている部分に当てることをいいます。どんな物体でも球とぶつかると振動が生まれます。バットの場合、その振動がグリップに伝わってきて「しびれ」を与えます。このような振動は、不快なだけでなく、球を速くはじき返すという目的とは別のものなので、エネルギー的に損をしています。ですから、この振動は小さいほどよい（効率がよい）といえます。

---

*1　金本 知憲（かねもと・ともあき）選手の言葉とされているが、同様の発言は多い；田中啓文『辛い飴〜氷見緋太郎の事件簿』（創元推理文庫）。なお、金本は選手引退後、阪神タイガース監督を務めた。

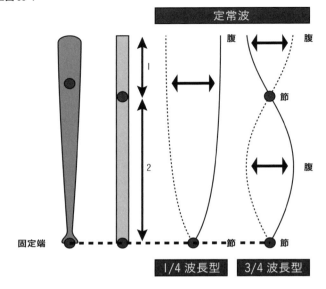

定常波

腹　　　　　腹

ｌ

節

節　　　　腹

固定端　　　　　　　　　　　　節　　節

１/４波長型　　３/４波長型

　　バットのような細長い棒に発生する振動の定常波。４分の１波長型
　　と４分の３波長型を描いてある。４分の３波長型の棒の内部にある
　　「節」はバットのような複雑な形状では決めにくいが、必ず存在する。

　一般に物体の振動の形は複雑ですが、**図55-1**のようにバット
のような細長いものは比較的簡単で、棒と考えておおよその形を
想像できます。グリップは手で押さえられていますので、振動の
「節」という振幅がゼロの点にあたります。これを「固定端」と
いいます。他方、バットの太いほうの先端は抑えられていません
ので、振動の「腹」という振幅が最大の点になります。波は「節」

「腹」「節」「腹」で1つの波（の波長）になりますので、中央の図および右図のような形が考えられます。

このように、波の形が固定されているものを**定常波**といいます。もちろん、時間とともに激しい振動はしていますが「節」「腹」の位置は変わりません。

まず、中央の図の「4分の1波長の定常波」は球がバットのグリップ以外のどこに当たっても発生します。次に発生する定常波は右図のようにバットのグリップ以外にもバット内に節が1つある4分の3波長の形です。この場合、バット内の節の点に球が当たると、この形の振動は起こりません。その分、余計な振動がないため、手のしびれは感じにくくなります。これが「バットの芯に球が当たった」感覚と考えられます。一様な棒の場合はグリップから2対1に分ける点です。バットの場合は太さが一様でないため、その場所を計算で正確に求めることは難しいですが、必ずあります。バットの場合、それは「打芯」とよばれています[*2]。

◎ 定常波の効果を体感する実験

ここで、「節」の存在を確かめる実験をしてみましょう。**図55 - 2**のように、長さ140cmほどの鎖を用意します。

上端を左手で（右利きの場合）持ちます。ここが固定端です。そして、右手を使い定規などで鎖を下から上へ順に叩いてみます。

実験の前は「一番下の重りを叩くと右手への手応えが大きい」と予想しがちです。しかし、やってみると一番下（先端）ではそこだけが大きく変形して手応えは弱いです。そこで「反動が一番大きいのは鎖全体の重心ではないか」という予測をしたくなります。ところが、重心を叩いてもやはり手応えは弱いです。どうも、

---

*2　バットの打芯の位置、すなわち「節」の位置を正確に決めるには、バットの形状や材質に関する情報が必要になる。さらに現実の打撃法では、この打芯の位置からずれても衝撃が弱まらないという条件も大切で、この点まで考慮すると、木製バットより金属バットのほうが「芯のあたりが広い」ことがわかっている。

長く垂らした鎖の途中を叩いて、鎖から受ける反動の大きさを調べる実験。波の形は、叩くことで生まれる4分の3波長型の定常波の形。図55-1とは上下が逆になっていて上部が固定端である。

下端と重心の間に、一番強い場所があるようです。これが上記の「打芯」なのです。

　実際、その点を叩くと、上にも下にも変形が伝わりにくく、手応えが着実に伝わってきます。エネルギーが鎖（の上下方向には）に逃げにくいような感覚を受けます。

第7章 「球技」にあふれる物理

56 バレーボールのホールディング規則は選手と審判のだまし合い？

> 球をはじくときに「球を止めるな」というルールは守れるでしょうか。球は変形して反発しています。そのあたり、「力学」から「審判との駆け引き」の実態まで考えてみます。

◎ バレーボールの不思議

バレーボールでは、ボールを返す際に「手（腕）でボールを静止させてから」跳ね返すとホールディングの反則になります[*1]。これは何を意味しているのでしょうか。

図56-1のように、ボールが平板状のもので跳ね返る際には、ボールの進行方向の運動エネルギーが、ボールの変形によって弾性エネルギーに変わります。その分、進行方向の速さが小さくなります。

やがて、運動エネルギーがすべて弾性エネルギーに変わった時点で、速度は0（ゼロ）になります。

その後、変形の回復によって、反対方向の運動が生まれていきます。変形が完全に回復すると、原理的には、初めの速度

■図56-1

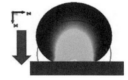

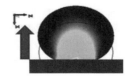

ボールが跳ね返る際に起きていること。
次の計算機シミュレーション図を使った；
https://www.muratasoftware.com/products/

[*1] 正式には「キャッチボール」という反則名である。

の持っていた速さと同じ速さで逆方向に跳んでいきます。

◎ **反発時間内の操作**

この反発に要する時間を考えてみましょう。バレーボールのレシーブの際のボールの速さは平均時速40 km 程度[*2]といわれていますので、秒速10 m ほどです。これは、ボールの変形が10 cmとすると、時間としては0.01秒です。

ホールディング規則は、この程度の時間での反発で、自然に逆方向に飛んでいく場合を「ヨシ」としているようです。「静止」時間は0.001秒程度ともいえますから妥当でしょう。

ただこのような理想的な反発では、ボールの方向、強さをコントロールできません。このあたり、何とか静止時間を伸ばして、反則にならない範囲でボールをコントロールするために努力が重ねられています。

◎ **選手と審判の「だまし合い」**

とりわけセッターが指を使ってトスを上げるという操作では、受けたときより反発させたあとのほうが遅くなっており、しかも方向が水平に近い方向から真上（鉛直方向）に変わるので、とても微妙です。腕の屈伸や手首・指（指先）の動きが複雑に関与してきます。

実際には、審判に「ボールを静止させて操作した」という印象を与えないように、巧みに操作するのが名選手（名セッター）となります。オリンピッククラスの一流セッターは、今日の審判はどのあたりまではホールディングの反則をとらないかを、まず試合序盤で確認しています。

＊2　男子のスパイク（アタック）では時速150 km にもなる。
＊3　いわゆる「たま持ち」で、これも「ホールディング」といわれている。

◎ バドミントンの華麗なプレイの奥にあるトリック

ラケットを使う競技でも、ガット面に球を静止させる（印象を与える）とヘルド・オン・ザ・ラケット[*3]の反則になります。

ところが、バドミントンのようにシャトル（羽根）を叩いて時速400kmにもする場合は極めて微妙です。これは秒速100mを越えますから、新幹線以上の速さです。この場合のラケットで加速する時間は、ラケットが10cmの動きの間として0.001秒です。こんな短い時間にシャトルを操作するなんて無理と思うかもしれませんが、オリンピック級の選手はそれをしています。このわずかな時間内に選手はシャトルをガットでコントロールするわけですが、ガットをきちんと偏りなく張っておくと、時間が短すぎて対応が難しいのです。そこで選手は意図的にガットをねじって張っておきます[*4]。その部分的な「緩み」によって千分の一秒単位の「球を操る」時間をつくっています。図56-2に描いたように、それを使って打ち返す方向をコントロールしています。

■図56-2

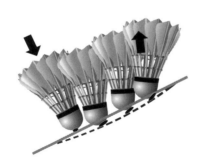

バドミントンのガットは意図的に偏らせてねじって張ってある。
これが、シャトルを操作する時間を効果的に与えている。

＊4 「ガットのねじれ」の実証実験はミズノが公開している（黒井克行「五輪を彩るテクノロジー Vol.4」Wedge Dec.2019, p.85）。

参考文献

池田圭一・服部貴昭『水滴と氷晶がつくりだす空の虹色ハンドブック』文一総合出版(2013)

江沢洋・東京物理サークル『物理なぜなぜ事典 1 力学から相対論まで』日本評論社 (2011)

左巻健男 『面白くて眠れなくなる物理』 PHP研究所 (2012)

左巻健男 『面白くて眠れなくなる物理パズル』 PHP研究所 (2018)

左巻健男編著『話したくなる！つかえる物理』明日香出版社 (2013)

竹原伸『初めての自動車運動学』森北出版 (2014)

谷本道哉編著『スポーツ科学の教科書』岩波ジュニア新書 (2011)

夏目雄平『やさしく物理〜力・熱・電気・光・波』朝倉書店 (2015)

夏目雄平『やさしい化学物理〜化学と物理の境界をめぐる』朝倉書店 (2010)

夏目雄平、小川建吾『計算物理Ⅰ』朝倉書店 (2002年)

原康夫・右近修治『日常の疑問を物理で解き明かす』SBクリエイティブ (2011)

平塚桂『東京スカイツリー®の科学』SBクリエイティブ (2012)

深代千之 他『スポーツ動作の科学』東京大学出版会 (2010)

執筆者

*番号は執筆担当項目を示す
*肩書きは原稿執筆当時のもの

■左巻　健男（さまき・たけお）
- 東京大学講師・元法政大学教授
- 1, 2, 5, 7, 14, 17, 22, 24, 28, 34, 36, 39, 40, 45, 49

■田崎　真理子（たさき・まりこ）
- 学研実験科学塾講師・川越看護専門学校講師
- 6, 25, 26, 35, 37, 41, 44, 52

■長田　和也（ながた・かずや）
- 東海大学現代教養センター助教
- 8, 12, 27, 30, 42, 46, 47, 48

■夏目　雄平（なつめ・ゆうへい）
- 千葉大学名誉教授（理学系物理）
- 4, 15, 23, 29, 31, 33, 51, 55, 56

■藤本　将宏（ふじもと・まさひろ）
- 兵庫県立県三木市立自由が丘東小学校教諭
- 3, 9, 11, 13, 16, 21, 32, 50

■山本　明利（やまもと・あきとし）
- 北里大学理学部教授
- 10, 18, 19, 20, 38, 43, 53, 54

■編著者略歴

左巻　健男（さまき・たけお）

東京大学講師・元法政大学教授

専門は、理科・科学教育、科学リテラシーの育成。

1949年栃木県小山市生まれ。千葉大学教育学部卒業（物理化学教室）、東京学芸大学大学院教育学研究科修了（物理化学講座）、東京大学教育学部附属高等学校（現：東京大学教育学部附属中等教育学校）教諭、京都工芸繊維大学教授、同志社女子大学教授、法政大学教授等を経て現職。

『RikaTan（理科の探検）』誌編集長。中学校理科教科書編集委員・執筆者（東京書籍）。

著書に、『暮らしのなかのニセ科学』（平凡社新書）、『面白くて眠れなくなる物理』『面白くて眠れなくなる化学』『面白くて眠れなくなる地学』『面白くて眠れなくなる理科』『面白くて眠れなくなる元素』（以上、PHP研究所）、『話

したくなる！つかえる物理』『図解　身近にあふれる「科学」が3時間でわかる本』『図解　身近にあふれる「微生物」が3時間でわかる本』（明日香出版社）ほか多数。

本書の内容に関するお問い合わせは弊社HPからお願いいたします。

図解　身近にあふれる「物理」が3時間でわかる本

2020年　7月　26日　初版発行

編著者　　左巻　健男

発行者　　石野　栄一

明日香出版社

〒112-0005 東京都文京区水道2-11-5
電話 (03) 5395-7650（代　表）
(03) 5395-7654（FAX）
郵便振替 00150-6-183481
https://www.asuka-g.co.jp

■スタッフ■　BP事業部　久松圭祐／藤田知子／藤本さやか／田中裕也／朝倉優梨奈／竹中初音
BS事業部　渡辺久夫／奥本達哉／横尾一樹／関山美保子

印刷　美研プリンティング株式会社
製本　根本製本株式会社
ISBN 978-4-7569-2098-0 C0040

身近な疑問が ＼＼ すっきり解消する ／／ 好評シリーズ！

（図解） 身近にあふれる
「科学」が３時間でわかる本

左巻 健男 編著　本体 1400 円

（図解） 身近にあふれる
「気象・天気」が３時間でわかる本

金子 大輔 著　本体 1400 円

（図解） 身近にあふれる
「生き物」が３時間でわかる本

左巻 健男 編著　本体 1400 円

（図解） 身近にあふれる
「微生物」が３時間でわかる本

左巻 健男 編著　本体 1400 円